普通高等教育“十二五”规划教材

数码摄影教程

雷 波 编著

電子工業出版社
Publishing House of Electronics Industry
北京 · BEIJING

内 容 简 介

本书较为全面地讲解了数码单反相机的使用，以及各类题材的拍摄方法与技巧。内容涵盖了拍摄时应该掌握的构图、用光、用色等方面的理论知识与拍摄技巧。

本书能够帮助初学者快速掌握并精通各类常见题材拍摄技法，详细讲解了相机的结构及使用方法，还有人像、儿童、山景、日出日落、水景、树木、雪景、建筑、夜景、动物、宠物、鸟类、昆虫、花卉等20余类常见题材的多种拍摄技法，最后还讲解了基本的修图技巧和时下流行的手机摄影技巧。相信通过认真阅读本书，读者将能够掌握相机的使用方法及绝大多数摄影题材的拍摄技巧，为轻松驾驭各类摄影题材打下坚实的基础。为弥补黑白印刷的不足，本书配有精美彩插，且所有图片均带二维码，读者通过扫描即可观看摄影原片效果。

笔者将通过微信、微博、论坛、400电话等形式服务各位读者，以确保各位读者通过阅读学习本书真正掌握摄影精髓。

图书在版编目（CIP）数据

数码摄影教程 / 雷波编著 . — 北京：电子工业出版社，2016.6
ISBN 978-7-121-28908-8

Ⅰ . ①数… Ⅱ . ①雷… Ⅲ . ①数字照相机 – 摄影技术 – 教材 Ⅳ . ① TB86 ② J41

中国版本图书馆 CIP 数据核字（2016）第 114084 号

策划编辑：任欢欢
责任编辑：任欢欢
印　　刷：北京盛通商印快线网络科技有限公司
装　　订：北京盛通商印快线网络科技有限公司
出版发行：电子工业出版社
　　　　　北京市海淀区万寿路 173 信箱　邮编　100036
开　　本：797 × 1 092　1/16　印张：17.75　字数：467 千字　彩插：8
版　　次：2016 年 6 月第 1 版
印　　次：2023 年 7 月第 6 次印刷
定　　价：55.00 元

凡所购买电子工业出版社图书有缺损问题，请向购买书店调换。若书店售缺，请与本社发行部联系，联系及邮购电话：（010）88254888，88258888。

质量投诉请发邮件至 zlts@phei.com.cn，盗版侵权举报请发邮件至 dbqq@phei.com.cn。

本书咨询联系方式：192910558（QQ 群）。

前 言

本书是一本入门级数码单反摄影教程。本书循序渐进、深入浅出而又系统地讲授了摄影知识与拍摄技能。

本书不仅对单反相机机身、镜头、附件等相关硬件的设置方法和使用技巧，以及光圈、快门速度、白平衡、曝光补偿、测光模式、对焦模式等每一个摄影师都必须掌握的摄影知识进行了详细讲解，还详解了不同拍摄题材的大量实拍技巧。

从结构上分，本书可以分为3大主题部分。

第1部分为本书第1章~第8章，主要讲解有关曝光、构图、用光、色彩方面的基础知识，学习这些章节的内容后，可以为后面章节的深入学习打下理论基础。

第2部分为本书第9章~第14章，主要讲解人像、风光、雪景、山景、水景、雾景、动物、花卉及夜景等题材的拍摄技巧和基本的修图技巧。

第3部分为本书第15章，主要讲解很有摄影市场潜力的手机摄影内容，并从手机摄影的特点、基本设置和后期特效制作进行讲解，值得仔细研读。

此外，为拓展学习视野，本书还附赠以下四本电子书，读者可以通过扫码下载阅读学习，这无疑极大地提升了本书的性价比。

- ●46页《佳能流行镜头全解》电子书
- ●38页《尼康流行镜头全解》电子书
- ●353页《数码单反摄影常见问答150例》电子书
- ●100页《时尚人像摄影摆姿宝典》电子书

佳能流行镜头全解

尼康流行镜头全解

数码单反摄影常见问答150例

时尚人像摄影摆姿宝典

为了方便及时与笔者交流与沟通，欢迎读者朋友加入光线摄影交流QQ 群（ 群7：493812664，群8：494474732，群9：494765455），关注我们的微博http://weibo.com/leibobook 或微信公众号FUNPHOTO，每日接收最新、最实用的摄影技巧，也可以拨打我们的400电话（4008367388）与我们沟通交流。

本书是集体劳动的结晶，参与本书编写的有雷波、雷剑、范玉婵、邓冰峰、王晓明、吴庆军、苑丽丽、杜林、刘肖、王芬、彭冬梅、赵程程、王磊。

编 者

2016年3月

目　　录

第1章　优秀照片要有优秀的标准

【学前导读】

拍照和摄影有什么不同吗？摄影听起来像艺术，拍照仅仅是按下相机快门？漫无目的的拍摄能拍出好照片？优秀的摄影师是如何做的？如何学会赏析精彩画面？本章将一一解读这些问题，并带领读者理解关于摄影的深层次理论。

【本章结构】

【学习要领】

1．知识要领

·了解什么是优秀的照片

·了解大师作品中的意境

2．能力要领

拍摄前先培养良好的摄影观念和习惯

1.1 优秀照片的标准

1.1.1 主题明确

主题是摄影作品的灵魂，是摄影师希望通过画面呈现给观者的核心。照片是否有主题，或者其主题是否有意义，是判断摄影作品价值的关键。**在这方面需要切记的是，摄影是减法的艺术**，在画面中与主题无关的东西太多，会冲淡主题，就像掺了水的汤不再美味一样。

例如，20世纪90年代，解海龙为希望工程拍摄了宣传照片《大眼睛》，在照片中一个手握铅笔的小女孩眼中充满了希望。这张照片采用了特写的表现手法，很好地反映了贫困地区儿童对知识的渴望，照片的主题非常鲜明。

➤ 这是一幅美食主题的摄影作品，画面简洁、主体突出，在令观者赏心悦目的同时，又很好地呈现出了味觉上的刺激。「焦距：90mm ｜光圈：F6.3 ｜快门速度：1/160s ｜感光度：ISO125」

1.1.2 曝光准确

如何才能正确曝光是所有摄影者都要面对的问题，无论是专业摄影师还是业余爱好者，都无法回避。即使一个摄影师拥有最新型、最昂贵的器材，遇到最理想的光线，并在最恰当的时间到达最佳拍摄位置，但如果曝光不正确，拍摄出来的仍然会是一堆不合格的照片。

如果不能够获得准确的曝光，所拍摄出来的亮调照片很可能会呈现出一片没有细节的白色，低调照片表现出来的则可能是一片黑色。因此，从技术角度上甚至可以说，评判好照片最重要的标准之一就是照片是否获得了正确的曝光。

▲ 通过对海面进行测光，清晰地表现出了海水的波纹细节，天空中暖调云彩的亮度由于与海面接近，因此细节表现也十分充分，整个画面层次鲜明、对比强烈，极具震撼力。「焦距：17mm ｜光圈：F16 ｜快门速度：1s ｜感光度：ISO100」

1.1.3 构图完美

构图是摄影作品的骨架，决定着作品的成功与否，优秀的摄影作品无一例外地在构图方面都有非常值得学习之处。最典型的案例就是，一群摄影爱好者相约去同一个地方创作，而拍出的摄影作品给人的感受却大相径庭，这在很大程度上是由于构图技巧与理念不同导致的。

➤ 摄影师运用对称式构图拍摄夜幕下的鸟巢，鸟巢内的灯火通明与水中的倒影交相辉映，形成了一幅美丽的夜景图。「焦距：50mm ｜光圈：F8 ｜快门速度：1/15s ｜感光度：ISO400」

1.1.4 画面简洁

摄影是减法的艺术，这是被无数摄影人认可的艺术规律。究其原因就是要使画面简洁，这样可以更有利于突出主体，给人很强的视觉冲击，并直指主题。

但简洁不等于简单，一张优秀的照片中往往会有主体、陪体、前景、背景等各种元素，而主体的地位却是不变的，拍摄时要注意其他元素的搭配不要干扰到主体。

在实际拍摄人像、风光、动物、植物以及静物等题材时，在很多情况下，画面中的内容都不是我们能够控制的。此时，作为一名摄影师，如何在繁多的元素中提取需要的元素进行表现，就只能靠个人的眼光和能力了。

▲ 利用长焦镜头选取简单的背景拍摄，使主体更加突出。「焦距：200mm ｜光圈：F5 ｜快门速度：1/125s ｜感光度：ISO400」

1.1.5 形式美感

形式美在摄影中的运用通常是指将构成画面的基本视觉元素，如色彩、形状、线条、质感等，通过组织、提炼所呈现出的审美特征。

视觉作品必须追求一定程度的形式美，因为美丽的事物与形态总能吸引人们的视线。读者在实际拍摄时，要注重对形式美的追求，通过镜头寻找那些具有形式美感的事物，并将其通过构图的形式纳入画面，从而获得独具特色的画面效果。

例如，现代建筑简明的线条，可以形成几何形态的形式美感，而如果拍摄的是大面积的花卉，则会由于其形状相似，从而使画面具有图案式的形式美感。

➤ 使用广角镜头仰视拍摄楼梯，其结构在画面中形成螺旋状，画面非常有线条美感。「焦距：17mm ｜光圈：F2.8 ｜快门速度：1/60s ｜感光度：ISO800」

1.2　拍有内容、有价值的照片

摄影师应该具有自己的审美观点，并善于把自己的思想感情融入到画面中。这一点在古代早已有过相关论述，清代画家方士庶说："山川草木，造化自然，此实境也。因心造境，以手运心，此虚境也。虚而为实，是在笔墨有无间，故古人笔墨具此山苍树秀，水活石润，于天地之外，别构一种灵奇。"这句话道出了作画的真谛——因心造境，作为同样是视觉艺术的摄影，必然能够从中找到共通之处。

审美观点的优劣与思考的深度，是与摄影师自身文化素养密不可分的，不关心他人、民族、国家、生命，眼中只有风光的摄影师，必然在作品中无法体现更深层次的思考，因此每一个摄影师都要不断地提高自己的文化素养，只有这样才能创作出意境深远的作品。例如下面的照片之所以能够成为佳片，实际上是反映出摄影师对于动物园内动物生存状态的忧虑，开放式构图，结合画面的铁栏杆使观者很容易联想到"封锁"这个词，为了供人观赏而失去自由的动物流露出一种无奈的情绪。

▲ 利用开放式构图表现了动物搭在栏杆上的爪子，更易引起人们对动物向往自由的联想。「焦距：200mm｜光圈：F3.5｜快门速度：1/640s｜感光度：ISO100」

1.3 冲破雷同、切忌模仿，善于创新

千篇一律的照片画面使拍摄作品很难脱颖而出，因此我们必须找到标新立异的拍摄角度。除了找到标新立异的角度外，还可以人为地创造独具特色的拍摄角度，并根据拍摄对象采取能够更好地表现主题的构图和拍摄方式，从而最大限度地保证画面的新奇感以及所拍摄对象的层次美感和完整性。

▲ 摄影师以玻璃杯为前景，选择合适的角度使太阳正好落在玻璃杯中，画面形式新颖而有趣。「焦距：105mm｜光圈：F5.6｜快门速度：1/160s｜感光度：ISO100」

1.4 照片的优劣，取决于了解对象的程度

摄影不是一个走到哪里拍哪里的摄影活动，而是在确定目的地后，应该事先做好准备的摄影活动，这样可以根据前人的经验找到最佳的拍摄时间、角度、位置。首先，通过图书、网络对拍摄目的地进行了解，并通过观看他人的作品，确定自己的拍摄意图，先拍什么，后拍什么，如何拍，在哪里拍，从而制订一个初步的拍摄计划。到达目的地后，要进一步熟悉情况。到达现场后应先考察拍摄环境并修改拍摄计划，使之更加可行，最后再开始正式拍摄。这样做看起来教条、刻板，但实际上能够省很多时间，避免体力消耗，使自己能尽快地融入创作活动中，有利于激发创作灵感。

▲ 摄影师选择黄昏时拍摄，雪地的冷色与天空的暖色形成了冷暖对比，大大增强了画面的感染力。「焦距：28mm｜光圈：F10｜快门速度：1/2s｜感光度：ISO100」

1.5　用意境来表现优秀画面

1.5.1　摄影大师安塞尔•亚当斯的意境设计

在文艺理论中有一个很常见的术语，叫“意境”，是指文艺作品通过形象表现出来的境界和情调，是一种超越物境、情境的更高的层次，也是评价一部文艺作品是否优秀的重要标准。**在摄影中，摄影的意境是指摄影作品所展现出来的摄影家思想感情和生活图景融合一致而形成的一种艺术境界。**有些优秀的摄影作品能达到“物我两忘”的境界。

下面我们来领略一下摄影大师安塞尔•亚当斯的作品。安塞尔•亚当斯是世界摄影史上最负盛名的摄影师，他生于美国旧金山，拍摄了大量的黑白风光作品。他拍摄的对象是约塞密提国家公园、大苏尔海岸、内华达山脉、美国西南部以及美国国家公园。1932年，他组织了一个以“Group F/64”为名的摄影团体。“F64”是当时照相机上最小光圈，他们的主张就是：用很小的光圈，获得较大的景深和较高的清晰度。

亚当斯一生当中创作了大量的风光作品。观赏他的作品，我们可以强烈地感受到，他对于荒野之美的那种洞察性的见识与对其保存的重要性的强调。他的摄影作品运用特殊科技得以完美呈现，加上他对摄影过程所坚持的绝对控管，使得他的作品所具有的声望及受欢迎的程度更加提升。

▲即使是拍摄山水风景也可通过光线、构图的设计得到有意境美的画面，借助于大景深可使画面看起来更有气势。「焦距：20mm ｜光圈：F10 ｜快门速度：1/10s ｜感光度：ISO100」

1.5.2 摄影大师布列松的意境设计

亨利•卡蒂埃•布列松是法国著名的摄影家，也是世界上少数真正有资格可以称为“摄影大师”的摄影家。布列松一生当中拍摄了大量的纪实题材的作品，内容非常广泛，包括两次世界大战、法国抵抗运动、西班牙内战等重大事件，人们认为他的摄影“定义了20世纪”。

布列松的摄影非常崇尚真实，他认为摄影艺术的关键便是抓住“决定性瞬间”，即在很短的时间内，以一种精确的形式呈现出某一事件的重要性，使它成为这一事件的最恰当的描述。他的作品总是能恰到好处地抓住那个瞬间，所以有人说他的照片臻于完美。

布列松生平使用的是50mm的标准镜头，使用的胶片也是黑白胶片。他反对闪光灯等人造光源，拍摄完的照片也从来不裁减，因此他的这些特点受到很多摄影家的模仿和追捧。

▲ 在拍摄决定性瞬间的照片时，需要事先做好充足的准备，调好光圈、快门速度后，静静等候合适的位置出现合适的人物，因此运动员跃起用头顶足球的瞬间被记录了下来。「焦距：300mm ｜光圈：F5.6｜ 快门速度：1/400s｜ 感光度：ISO500」

1.5.3　拍摄崇高意境的作品

崇高是美学中经常用到的概念，它通常指人物的品德高尚，类似于“伟大”；也用于指自然景物或人文景观的高大雄伟，类似于“壮美”。 崇高的意境不但可以运用于文学、绘画当中，也可以运用到摄影中。

无论是人物还是自然或人文景观，崇高的意境的营造，是要求拍摄对象能使观者产生一种视觉或心理上的震撼，激起一种内心的深层感悟，从而得到心灵的净化。

崇高意境的摄影作品往往具有以下几种特点：仰视的视角、强烈的明暗反差、悬殊的大小对比、鲜明的色彩对比等。下面我们将分别介绍人像、自然景观、人文景观崇高意境的表现方法。

拍摄崇高意境的人像，这在我国文革时期运用得较多，不但在拍摄毛泽东、周恩来等老一辈革命领袖时经常运用，在拍摄劳动模范等时也经常会用到。通常的做法就是以仰视的角度拍摄，并且使人物的脸部明暗反差悬殊，这样就可以突出被摄人物的神采和个性。

拍摄崇高意境的自然风景，应当把自然景物高大挺拔、沉静苍茫的特点表现出来，让观者在欣赏时，使景物能超出他们的想象力，让自然景观的高大使观者产生暂时的恐怖和惊讶。

拍摄人文景观时，如建筑物，也应使用仰视的角度，把这种人类战胜大自然的艰苦斗争的精神表现出来。用光时多以侧光来表现，光比越大，效果越好。

▲ 仰视拍摄佛塔，增强了佛塔的高耸感，迎风飞舞的彩旗增加了画面的动感，也很有地域特色。「焦距：24mm ｜光圈：F9｜ 快门速度：1s｜ 感光度：ISO100」

1.5.4 拍摄优美意境的作品

在美学中，优美是相对于“壮美”而言的，通常指一些外形小巧、精致漂亮、整齐有序的景物。这在我们的日常生活中比较常见，如艳丽的花卉、漂亮的姑娘、精致的工艺品等。营造优美的意境是文学、艺术中最常用的手法，在摄影中也是如此。

具有优美意境的摄影作品往往有秩序、很整齐、富有节奏，给人一种和谐的视觉感受。人们在欣赏优美的照片时，往往会有一种赏心悦目的感觉，所以大家都对这种有意境的景物喜闻乐见。从照片效果来看，优美的照片通常都是采用平视角度拍摄的，画面明暗反差较小，色彩和谐，给人较为柔和、平缓的感觉。

优美意境的对象包括人物、自然景观。拍摄具有优美意境的人物画面，通常要表现人物真善美的品格，包括外在的形体美和内在的心灵美，特别适合拍摄儿童和少女。而拍摄优美意境的自然景观，则应体现形式美，如优美恬静的田野、云雾缭绕的山峦、迎风摇曳的花朵等。

拍摄具有优美意境的照片，最好能使用50mm标准镜头。因为标准镜头的视角和人眼差不多，因而使用其拍摄的照片看起来更加亲切、真实，有利于优美意境的营造。

▲ 清晨，被局域光照亮的两棵小树在冷色调的山体的衬托下，呈现出优美的画面意境。「焦距：235mm ｜光圈：F5.6 ｜快门速度：1/200s｜感光度：ISO100」

1.5.5 幽默意境的营造

在摄影中，幽默意境的对象主要是人或动物。当然，也有的时候是自然物或其他无生命的物体，但它们的形态能使人在欣赏后产生联想，也就是说，它们的特征看起来十分滑稽，就像人一样。如一只正在“沉思”的宠物狗照片，人们看了往往会发笑，因为它似乎跟人一样在思考一个古老的哲理。又如正在嬉戏的狒狒，就好像人在跳“迪斯科”一样，看了不免发笑。

营造有幽默意境的作品在色彩选择方面没有太多讲究，即使是非常杂乱、毫无规律的色彩也可以作为背景，因为这样反而给人一种活泼、幽默的视觉感受。另外，拍摄具有幽默意境的作品，要善于捕捉，即使是行走在大街上，都经常会发现许多幽默的片段。

▲ 画面中的孩子手中拿着一个蛋卷，利用错位拍摄的方法使云彩看起来仿佛就是冰淇淋，加上孩子舔舐的动作让画面产生了幽默意境。「焦距：135mm | 光圈：F9 | 快门速度：1/400s | 感光度：ISO100」

1.5.6 悲剧意境的营造

鲁迅曾说：“悲剧将人生有价值的东西毁灭给人看。”悲剧是经过文学家、艺术家大脑的思考，把生活中激烈的矛盾冲突集中展现出来，使人在精神上受到一定的压抑，从而产生一种悲壮之美。

美学上的悲剧原理同样适合摄影中悲剧意境的营造。如果说喜剧接近于滑稽，那么悲剧则接近于崇高。因为我们在欣赏具有悲剧意境的照片时，往往会在内心产生一种悲痛、怜悯的感受，从而使心灵得到净化和升华。

悲剧意境的对象主要是人，包括新生力量的毁灭、旧事物的消亡、小人物的悲剧命运等。如丹麦摄影师瑞克•瑞弗德拍摄的《阿富汗小难民的葬礼》，这幅作品拍摄的是用白布包裹起来的小难民的尸体，揭示了战争带来的灾难，画面中充满了一种悲剧的意境。

具有悲剧意境的摄影作品更多地应用在纪实题材方面，如辛苦一年却讨不到工资的工人、路边乞讨的老人等。摄影师通过悲剧表现手法，使照片具有很深刻的表现力和感染力。

▲ 画面中的男人抽着烟，眼睛凝望着天空，这样的画面让观者深切地感受到人物内心的惆怅，产生一种悲剧意境。「焦距：200mm | 光圈：F4.5 | 快门速度：1/320s | 感光度：ISO100」

1.6 学好摄影的15条忠告

对于初学摄影的爱好者（甚至经验丰富的摄影爱好者）来说，很容易在没有指导的情况下走入一个又一个误区，这种误区不仅仅是摄影技术上的，更多的是思想或思路上的误区。

本节总结了摄影大师们给予广大摄影爱好者的15条忠告，以让读者在学习的思路及摄影的思想性方面能够有一个良好的开端。

1.6.1 认真读几本摄影理论书籍

好的摄影水平都是在理论基础上发展而来的，认真阅读一些关于构图、用光等方面的理论书籍，用理论指导实践拍摄活动，会得到更快的提高。

▲ 要清楚地了解相机上每一个按钮的含义

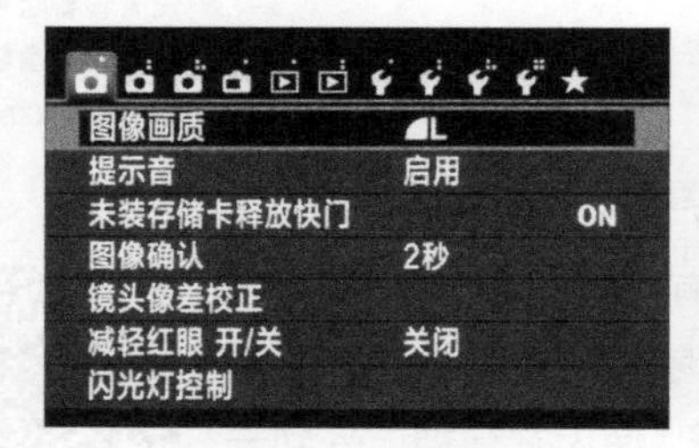

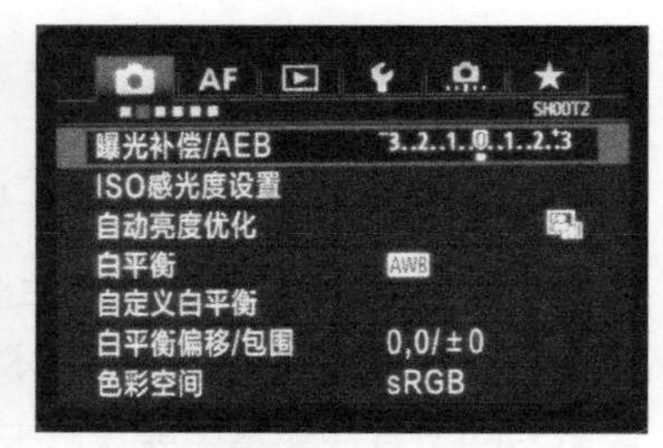

▲ 不同档次的相机界面菜单的复杂程度也不一样，虽然没有必要掌握所有菜单的意义，但掌握其中比较重要的菜单命令有非常重要的意义

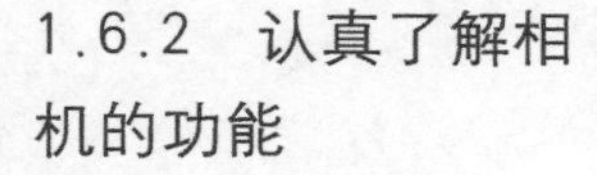

1.6.2 认真了解相机的功能

想要拍出好照片首先要充分了解自己的相机，就像战士到战场打仗，如果不了解、不会使用自己的枪支一样，后果可想而知。

另外，不要每次都是调到P挡或是自动挡，那样永远都无法进步。所以认真阅读相机说明书或学习相关硬件的使用方法，明白各个按钮、菜单的用处，才是当务之急，这样才能在使用过程中更加得心应手。

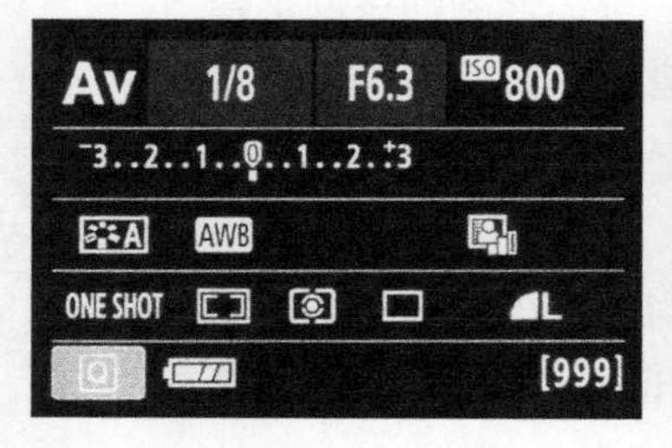

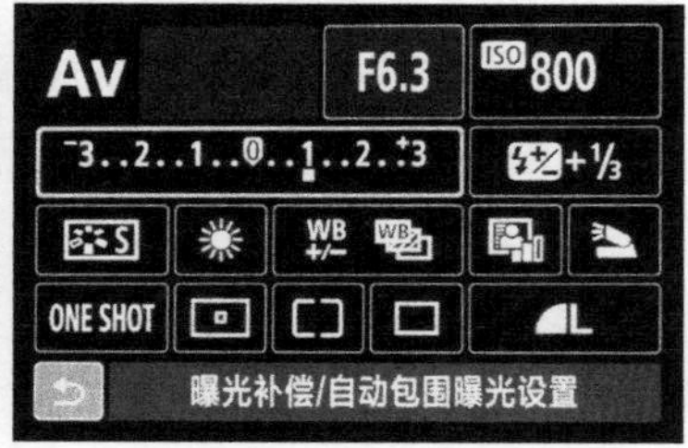

▲ 在相机使用过程中液晶监视器中显示的参数经常要使用，因此明白这些参数的含义有助于加快操作速度

事实上，仅仅靠说明书是远远不够的，现在市场上有很多相机说明书式的书籍，例如，有注重菜单讲解的技巧大全系列，也有注重如何使用菜单拍摄实例题材的完全攻略系列等不一而足，广大读者可以根据自己的需要认真阅读，从中学习相机的使用技巧与拍摄方法。

1.6.3　用思想摄影

很多摄影爱好者都喜欢对着被摄对象猛按快门，认为拍了很多张总有一张满意的，这样做其实就完全失去摄影的乐趣了。

摄影是门艺术，拼的是思想和技术，而不是体力，只有用心思考，有了想法再结合摄影技巧，才可能拍出优秀的照片。

1.6.4　培养发现美的能力

世界上不是没有美，而是缺少发现美的眼睛，因此在摄影时必须培养发现美、体会美的能力。其实只要细心观察，努力寻找，总会从身边的人、景、物、事中发现瞬间的美。

1.6.5　不要迷信器材定律

不要迷信于拍好某种题材就一定要装备某种器材，其实器材只是我们拍摄的工具，我们要支配、使用器材，而不是变成器材支配我们，灵活使用器材同样可以拍出好照片，例如广角镜头不仅可以拍摄广阔的风光，也可以拍摄高挑的人像。

▲ 广角镜头下的人像看起来很有视觉冲击力。「焦距：17mm ｜光圈：F13 ｜快门速度：1/500s ｜感光度：ISO200 」

1.6.6　不必“烧”机器

与器材同理，相机也只是我们拍摄的工具，相机的好坏或价格的高低是无法与照片的好坏画等号的，事实上，很多入门级单反相机一样可以拍出很好的照片，这是因为摄影水平的高低、照片的好坏不在于机器，而在于镜头后面那个有思想的——拍摄者。

1.6.7 学会用RAW格式

RAW格式相当于万能、保准的格式，主要是因为RAW格式的文件保留的色彩、质感等细节较多，后期可调幅度也比较大，且损失也是较小的。不过前提是要仔细学习、掌握RAW格式的相关调整知识。

▲ RAW 格式的照片后期制作空间很大，调整后画面依然层次丰富

1.6.8 认真学习PS技术

我们看到的很多优秀的摄影作品，都经过了精心的后期制作，这已经成为摄影不可或缺的一部分，因此最起码要懂得PS技术，如调整曝光度、亮度/对比度、色调、锐化、裁剪、缩图和人像磨皮等常用功能。市场上也有很多关于PS技术的书籍，可供参考学习。

▲ 利用 PS 处理技术得到和之前完全不一样的画面效果

1.6.9　多拍多思考

多实践才有进步，所以要多拍、多交流才能弥补自己的不足，并且要多思考。例如，去影展参观大师们拍摄的作品时，考虑为什么大师这样拍，这样拍好在哪里，我该怎么拍等，这样才会有进步且进步更快。

例如，可以在同一个地点，以同一个构图拍摄不同时间段的景物，但拍摄时用不同的光线、光圈、快门速度，此时便会发现这些景物在不同时间呈现的奇妙变化，从这种拍摄实践活动中，可以体会到不同的曝光技巧是如何影响画面的，从而增长自己的拍摄经验。

➤「焦距：35mm｜光圈：F16｜快门速度：500s｜感光度：ISO100」

➤「焦距：35mm｜光圈：F16｜快门速度：2500s｜感光度：ISO100」

↗→通过两张图的对比可以看出，在不同的时间段，以不同的曝光时间拍摄同一场景，效果也是不同的。

上图中拍摄时间较早，天空中呈现出由蓝色到紫色的渐变，又因为曝光时间较短，天空中的星星呈现点点的星光状；下图中拍摄时间为深夜，且拍摄时间较长，天空中的星星呈现出梦幻的星轨状。

1.6.10 努力提高摄影水平

部分摄影玩家以“无所谓技术，重要的是玩摄影的心态”来安慰自己的摄影水平停滞不前，但即使是玩也应该有高度，要想玩得好、玩得出彩则必须提高自己的摄影水平，不能自我满足。

1.6.11 多拍再多拍

大部分摄影玩家在购买相机后，往往只拍摄部分作品便会将其束之高阁，问其原因却是“不知道拍什么”、“没有合适的题材”、“我也不会拍什么”等，事实上这些借口只是搪塞自己的，要想提高自己的拍摄水平，多拍多练还是必要的，所谓熟能生巧。

如果没有合适的题材，可以从自己家里开始，比如一个小角落、一个斜阳穿过的楼梯、一只嬉戏玩耍的小猫咪等，其实只要拿起相机开始拍摄，慢慢就会发现，原来有这么多可拍摄的题材。

▲ 身边的小景色也可以拍出好看的画面，学会善用身边的素材，可以拍摄小区或附近公园中的小花，或者拍摄身边的建筑。

1.6.12　拍人像不要从美女帅哥开始

美女帅哥如漂亮的风光，想要拍出较好的效果易如反掌，但如果只是把美的拍美了，这不算什么，而如果能将普通人拍美，或将普通的画面拍出引人共鸣的效果，例如著名摄影师谢海龙的《大眼睛的姑娘》，这幅作品就是以山村里普通的小姑娘为拍摄目标，虽然画面很普通，但很有思想、有深意，能震撼人的心灵，引起强烈的反响，这正是摄影的真正魅力。

▲ 透过民工喝水的镜头，其紧锁的眉头、黝黑的脸庞以及脸上依稀可见的皱纹，无不向观者阐述着社会上兢兢业业的劳动人民的辛苦和辛酸，画面虽然很普通却很震撼，让人过目不忘。「焦距：70mm ｜光圈：F5.6 ｜快门速度：1/800s ｜感光度：ISO200」

1.6.13　学会触类旁通

美的事物往往相通，读者应该学会在欣赏电影大片、观摩漂亮的画作时触类旁通，领悟摄影的画面语言。例如在观看电影时，就可以留心看大导演是怎样构图、用光的，怎样的构图、用光才最打动观者的心等，毕竟，摄影、摄像都运用到了构图、用光等技术，这里有很多知识是相同的，可以互相借鉴。

1.6.14　认真拍好每一张照片

除了拍摄技术、拍摄思想外，我们还需要做到端正态度、认真拍摄。虽然现在的数码相机可以随拍随看，不喜欢可以删掉重新拍摄，但还是需要对我们所拍摄的照片负责，拍一张就要确认一张，这张就是我们最初想要的，而不是随便拍摄的。

1.6.15　学会独立思考

摄影是门个性化的艺术，独立思考之下坚持自己的风格，才可能创作出风格独特的作品。

课后任务：谈谈你对摄影的认识

1. 画面简洁有什么作用？
2. 什么是有内容、有价值的画面？
3. 对被摄对象的了解程度对画面有什么影响？
4. 在画面中如何表现意境？下面这张照片给人什么样的意境？

第2章　认识摄影镜头

【学前导读】

运用不同镜头可以拍出不一样的画面效果，只有特别了解镜头的特性，才能在面对不同题材的时候，对其运用自如，发挥其特性，有时巧用镜头反其道而行也许还能拍出意想不到的精彩画面。

【本章结构】

【学习要领】

1. 知识要领

·了解定焦镜头及画面特点

·了解变焦镜头及画面特点

·了解各焦段镜头的特点及画面特点

2. 能力要领

学会根据题材选择适合的镜头

2.1 全面认识定焦镜头

2.1.1 定焦镜头定义

定焦镜头是指没有变焦能力的镜头，定焦镜头通常具有较大的光圈。因为定焦镜头的焦距是不可变的，所以在制作工艺上会专注于一个焦段，在成像质量、锐度等方面要强于变焦镜头，虽然近年来随着镜头制作工艺的提高，变焦镜头的质量也有了较大幅度的提高，但当使用同一焦段的变焦镜头与定焦镜头拍摄同样的对象时，能够通过仔细的观察分辨出品质仍有高下之分。

▲ 佳能 EF 50mm f/1.2L USM

◀ 定焦镜头有着极其优异的成像质量。「焦距：50mm ｜光圈：F3.5 ｜快门速度：1/500s ｜感光度：ISO100」

2.1.2　定焦镜头的优点

定焦镜头具有以下优点。

1．定焦的广角或标准镜头一般都比涵盖相应焦距段的变焦镜头的口径大。一般的定焦广角镜头和定焦中焦镜头的光圈都在2.8以上，通光量大，便于在低光照度的情况下进行拍摄。

2．定焦的广角镜头一般都比涵盖相应焦距段的变焦镜头的最近对焦距离近。最近对焦距离小的好处有很多，尤其是对于广角镜头而言，对焦距离近意味着能够非常近地接近被摄对象，从而得到较大的影像。此外，与其大光圈相配合，能够实现变焦广角镜头不容易实现的广角背景虚化的效果。

3．定焦广角镜头一般都比涵盖相应焦距段的变焦镜头体积小，重量轻，携带方便，便于抓拍。

4．定焦广角镜头一般都比变焦镜头的广角段成像好，这是由镜头的设计所决定的。变焦镜头由于要考虑所有焦距段都有相对好的成像，因此就要牺牲局部的利益，使整体有一个相对好的表现，定焦镜头则不用考虑这些。

5．定焦镜头拍出的画质较高，非常适合拍摄商业摄影、微距摄影等对画质有较高要求的题材。

▲ 使用85mm定焦镜头拍摄的人像，背景虚化得很好，画质也非常优美。
「焦距：85mm | 光圈：F2 | 快门速度：1/250s | 感光度：ISO200」

2.2 领略变焦镜头的景别变换功力

2.2.1 变焦镜头定义

变焦镜头的焦距可在一定范围内变化，其光学结构复杂、镜片数量较多，使得它的生产成本很高，少数恒定大光圈、成像质量优异的变焦镜头的价格昂贵，通常在万元以上。变焦镜头最大光圈较小，能够达到恒定F2.8光圈就已经是顶级镜头了，当然在售价上也是“顶级”的。

▲ 佳能EF 24-70mm F2.8L USM

变焦镜头的焦段非常广，并可根据主要的焦段范围将其分为广角变焦镜头、标准变焦镜头以及长焦变焦镜头等类型，这种便利性使它深受广大摄影爱好者的欢迎。

变焦镜头解决了我们拍摄不同视角时走来走去的难题，一个不错的变焦镜头足以满足日常人像、风光、纪实等不同题材的拍摄需求。

「焦距：85mm | 光圈：F4 | 快门速度：1/1000s | 感光度：ISO400」

「焦距：50mm | 光圈：F1.4 | 快门速度：1/1000s | 感光度：ISO100」

「焦距：135mm | 光圈：F1.4 | 快门速度：1/800s | 感光度：ISO100」

▲ 在这组照片中，摄影师只是在较小的范围内移动，就拍摄到了完全不同景别和环境的照片，这都得益于使用了变焦镜头的不同焦距。

2.2.2　灵活使用变焦镜头的5个技巧

变焦镜头是在拍摄中使用频率最高的镜头，但由于其结构和制造方面的原因，变焦镜头也有其局限性和弊端，因此在使用时应该注意一些使用技巧和注意事项。

1．利用长焦距测光

使用变焦镜头时，可以先使用长焦距对确定为曝光基准的位置进行对焦并测光（两者是同步进行的），然后锁定曝光再改变焦距进行拍摄，其好处就在于，通过长焦距将拍摄对象中作为曝光基准的位置放大，从而获得更精确的测光结果。

2．保持距离，防止变形

在使用变焦镜头的广角一端拍摄时，要注意与被摄体保持适当的距离，以免造成被摄体变形，除非有意为之。

3．适当运用支撑物

注意所用镜头的安全快门，即焦距的倒数，当低于安全快门时，应寻找一个比较稳定的支撑物，有条件的话最好使用三脚架，以保证拍摄时的稳定性。

4．选择合适的遮光罩

变焦镜头的光学结构更加复杂，因此相比定焦镜头更容易产生光晕，因此一个合适的遮光罩是少不了的。

5．控制画面深度

用一个变焦镜头在离被摄体2米处用60mm焦距拍摄，与在离被摄体10米远处用300mm焦距拍摄，所得照片中的被摄体影像的大小是一样的，不同的是两张照片画面深度不同。用60mm焦距拍摄的照片，其背景有深度和空间感；而用300mm焦距拍摄的照片，给人的感觉是景物被压缩了，被摄体与景物似乎被“拉近”了，因此在拍摄时，应根据需要选择合适的焦距。

▲ 使用变焦镜头的长焦端拍摄远处的山峰，将其充满画面，突出且强调了侧光下山峰的立体效果。「焦距：200mm ｜光圈：F5.6 ｜快门速度：1/160s ｜感光度：ISO500」

2.3 了解各焦距段镜头的特点

2.3.1 镜头焦距与视角的关系

每款镜头都有其固有的焦距，焦距不同，拍摄视角和拍摄范围也不同，而且不同焦距下的透视、景深等特性也有很大的区别。例如，使用广角镜头的14mm焦距拍摄时，其视角能够达到114°；而使用长焦镜头的200mm焦距拍摄时，其视角只有12°。不同焦距镜头对应的视角如下图所示。

由于不同焦距镜头的视角不同，因此，不同焦距段镜头适用的拍摄题材也有所不同，比如焦距短、视角宽的广角镜头常用于拍摄风光；而焦距长、视角窄的长焦镜头则常用于拍摄体育比赛、鸟类等位于远处的对象。

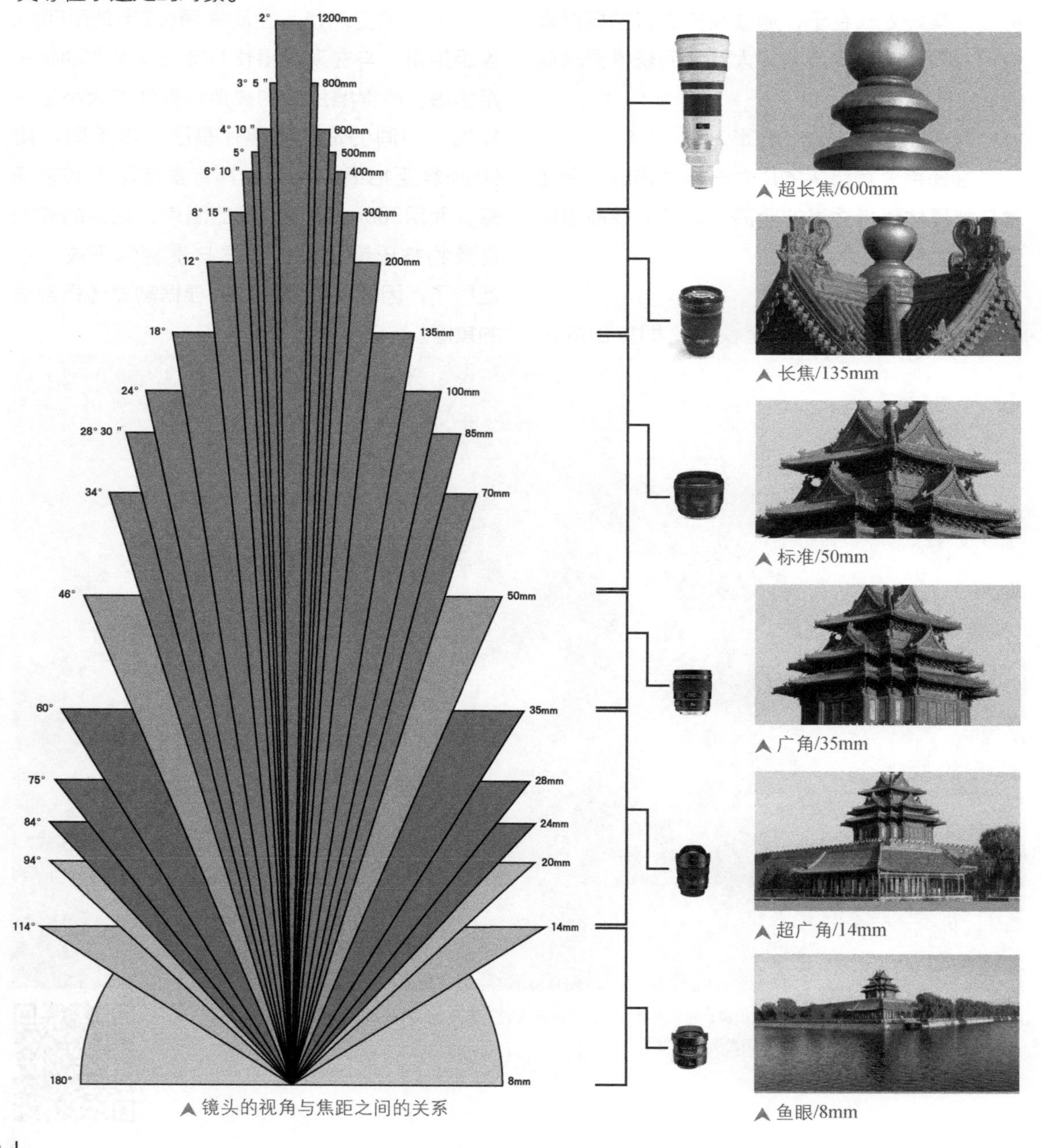

▲超长焦/600mm

▲长焦/135mm

▲标准/50mm

▲广角/35mm

▲超广角/14mm

▲鱼眼/8mm

▲镜头的视角与焦距之间的关系

2.3.2　EF镜头名称解读

一个镜头的名称由很多数字和字母组成，各个数字和字母都有其特定的含义，能够熟记这些数字和字母代表的含义，就能很快地了解一款镜头的性能。下面来讲解下佳能EF系列镜头上数字与字母的含义。

EF 24-105mm f/4 L IS USM

❶ EF　❷ 24-105mm　❸ f/4　❹ L IS USM

❶ 镜头种类

■ EF

适用于EOS相机所有卡口的镜头均采用此标记。如果是EF，则不仅可用于胶片单反相机，还可用于全画幅、APS-H尺寸以及APS-C尺寸的数码单反相机。

■ EF-S

EOS数码单反相机中使用APS-C尺寸图像感应器机型的专用镜头。S为Small Image Circle（小成像圈）的字首缩写。

■ MP-E

最大放大倍率在1倍以上的“MP-E 65mm f/2.8 1-5x 微距摄影”镜头所使用的名称。MP是Macro Photo（微距摄影）的缩写。

■ TS-E

可将光学结构中一部分镜片倾角或偏移的特殊镜头的总称，也就是人们所说的“移轴镜头”。佳能原厂有24mm、45mm、90mm共3款移轴镜头。

❷ 焦距

表示镜头焦距的数值。定焦镜头采用单一数值表示，变焦镜头分别标记焦距范围两端的数值。

❸ 最大光圈

表示镜头所拥有最大光圈的数值。光圈恒定的镜头采用单一数值表示，如EF70-200mm f/2.8 L IS USM；浮动光圈的镜头标出光圈的浮动范围，如EF-S 18-135mm f/3.5-5.6 IS。

❹ 镜头特性

■ L

L为Luxury（奢侈）的缩写，表示此镜头属于高端镜头。此标记仅赋予达到了佳能内部特别标准的、具有优良光学性能的高端镜头。

■ Ⅱ、Ⅲ

镜头基本上采用相同的光学结构，仅在细节上有微小差异时添加该标记。Ⅱ、Ⅲ表示是同一光学结构镜头的第2代和第3代。

■ USM

表示自动对焦机构的驱动装置采用了超声波马达（USM）。USM将超声波振动转换为旋转动力从而驱动对焦。

■ 鱼眼（Fisheye）

表示对角线视角180°（全画幅时）的鱼眼镜头。之所以称之为鱼眼，是因为其特性接近于鱼从水中看陆地的视野。

■ SF

被佳能EF135mm f/2.8 SF镜头使用。其特征是利用镜片5种像差之一的“球面像差”来获得柔焦效果。

■ DO

表示采用DO镜片（多层衍射光学元件）的镜头。其特征是可利用衍射改变光线路径，只用一片镜片对各种像差进行有效补偿，此外还能够起到减轻镜头重量的作用。

■ IS

IS是Image Stabilizer（图像稳定器）的缩写，表示镜头内部搭载了光学式手抖动补偿机构。

■ 小型微距

最大放大倍率为0.5的“EF50mm f/2.5 小型微距”镜头所使用的名称。表示是轻量、小型的微距镜头。

■ 微距

通常将最大放大倍率在0.5~1倍（等倍）范围内的镜头称为微距镜头。EF系列镜头包括了50~180mm各种焦距段的微距镜头。

■ 1-5x微距摄影

数值表示拍摄可达到的最大放大倍率。此处表示可进行等倍至5倍的放大倍率拍摄。在EF镜头中，将具有等倍以上最大放大倍率的镜头称为微距摄影镜头。

❶镜头种类	❷焦距
❸最大光圈	❹镜头特性

2.3.3 AF镜头名称解读

简单来说，AF镜头指可实现自动对焦的尼康镜头，也称为AF卡口镜头。理解AF系列镜头上的数字和字母的含义，可以帮助了解一款镜头的性能。

AF-S 70-200mm F2.8 G IF ED VRⅡ

❶ AF-S　❷ 70-200mm　❸ F2.8　❹ G IF ED VRⅡ

❶ 镜头种类

■AF

此标识表示适用于尼康相机的AF卡口自动对焦镜头。早期的镜头产品中还有Ai这样的手动对焦镜头标识，目前已经很少看到了。

❷ 焦距

表示镜头焦距的数值。定焦镜头采用单一数值表示，变焦镜头分别标记焦距范围两端的数值。

❸ 最大光圈

表示镜头最大光圈的数值。定焦镜头采用单一数值表示，变焦镜头中光圈不随焦距变化而变化的采用单一数值表示，而光圈随焦距变化而变化的镜头，分别采用广角端和远摄端的最大光圈值表示。

❹ 镜头特性

■D/G

带有D标识的镜头可以向机身传递距离信息，早期常用于配合闪光灯来实现更准确的闪光补偿，同时还支持尼康独家的3D彩色矩阵测光系统，在镜身上同时带有对焦环和光圈环。

G型镜头与D型镜头的最大区别就在于，G型镜头没有光圈环，同时，得益于镜头制造工艺的不断进步，G型镜头拥有更高素质的镜片，因此在成像性能方面更有优势。

■IF

IF是Internal Focusing的缩写，指内对焦技术。此技术简化了镜头结构而使镜头的体积和重量都大幅度减小，甚至有的超远摄镜头也能手持拍摄，调焦也更快、更容易。另外，由于在对焦时前组镜片不会发生转动，因此在使用滤镜，尤其是有方向限制的偏振镜或渐变镜等时会非常便利。

■ED

ED为Extra-low Dispersion的缩写，指超低色散镜片。加入了这种镜片后，可以使镜头既拥有锐利的色彩效果，又可以降低色差及避免出现色散现象。

■DX

印有DX字样的镜头，说明了该镜头是专为尼康DX画幅数码单反相机而设计的，这种镜头在设计时就已经考虑了感光元件的画幅问题，并在成像、色散等方面进行了优化处理，可谓是量身打造的专属镜头类型。

■VR

VR即Vibration Reduction，是尼康对于防抖技术的称谓，并已经在主流及高端镜头上得到了广泛的应用。在开启VR时，通常在低于安全快门速度3~4档的情况下也能实现拍摄。

■SWM（-S）

SWM即Silent Wave Motor的缩写，代表该镜头装载了超声波马达，其特点是对焦速度快，可全时手动对焦且对焦安静，这甚至比相机本身提供的驱动马达更加强劲、好用。

在尼康镜头中，很少直接看到该缩写，通常表示为AF-S，表示该镜头是带有超声波马达的镜头。

■鱼眼（Fisheye）

表示对角线视角为180°（全画幅时）的鱼眼镜头。之所以称之为鱼眼，是因为其特性接近于鱼从水中看陆地的视野。

■Micro

表示这是一款微距镜头。通常将最大放大倍率在0.5至1倍（等倍）范围内的镜头称为微距镜头。

■ASP

ASP为Aspherical Lens Elements的缩写，指非球面镜片组件。使用这种镜片的镜头，即使在使用最大光圈时，仍能获得较佳的成像质量。

■Ⅱ、Ⅲ

镜头基本上采用相同的光学结构，仅在细节上有微小差异时添加该标记。Ⅱ、Ⅲ表示是同一光学结构镜头的第2代和第3代。

2.3.4　广角镜头拥有更广阔的视野

广角镜头是指等效焦距小于35mm、视角大于标准镜头的一类镜头，其典型的焦距有24mm、17mm等。

广角镜头的特点是景深大，有利于将纵深大的场景清晰地表现出来。由于其视角大，从而可以在画面中包含更宽广的场景。由于广角镜头可将眼前更广阔的场景纳入取景器内，因此这种镜头对空间的表现力尤为出色，可以使画面远近的透视感更加强烈，极大地增强了画面的视觉冲击感。

常见的佳能定焦广角镜头有EF 35mm F1.4L USM、EF 28mm F1.8 USM、EF 14mm F2.8L Ⅱ USM 等，而变焦广角镜头则以EF 16-35mm F2.8L Ⅱ USM 及EF 17-40mm F4L USM等为代表。

常见尼康定焦广角镜头有AF 尼克尔 14mm F2.8 D ED、AF尼克尔 28mm F1.4 D等，而变焦广角镜头则以AF-S 尼克尔10-24mm F3.5-4.5 G ED DX、AF-S 尼克尔 14-24mm F2.8 G ED N等为代表。

▲ 使用广角镜头拍摄的画面透视效果好，具有较强的空间纵深感。「焦距：24mm ｜光圈：F16 ｜快门速度：1/4s ｜感光度：ISO200」

▲ 佳能 EF 16-35mm F2.8 L Ⅱ USM

2.3.5 完美虚化的中焦镜头

▲ 佳能 EF 24-105mm f/4 L IS USM

通常是指拥有35-135mm焦距的镜头，最常见的是50mm与85mm焦距的定焦镜头，其中又以50mm焦距时的标准镜头最为典型，其视角很接近人眼观察事物的效果，适合纪实、人像和普通风景的拍摄。

常见的佳能定焦中焦镜头有EF 85mm F1.2L II USM、EF 50mm F1.2L USM等，而变焦中焦镜头则以EF 24-70mm F2.8L USM及EF24-105mm F4L IS USM等为代表。

常见的尼康定焦中焦镜头有AF-S 尼克尔 50mm F1.4G 、AF 尼克尔 85mm F1.4D IF自动对焦镜头等，而变焦中焦镜头则以AF-S 尼克尔 VR 24-120mm F3.5-5.6G IF-ED 自动对焦镜头S型及AF-S 尼克尔 24-70mm F2.8G ED等为代表。

中焦镜头最大的特点之一就是几乎不会产生畸变，能够表现出真实、亲切、自然的人像，因而广泛应用于人像摄影领域中。

另外，标准的定焦镜头具有大光圈且价格较为便宜的特点，此焦距很适合拍摄人像，并可以获得非常好的浅景深效果。

▲「焦距：70mm | 光圈：F2.8 | 快门速度：1/400s | 感光度：ISO100」

2.3.6 长焦镜头拉近彼此距离

当一款镜头的焦距超过了135mm时，这款镜头可以被称为长焦镜头。长焦镜头可以把远处的景物拉得很近，因此经常用于拍摄特写。长焦镜头的特点是景深小，有利于模糊背景、突出主体，机动性强。将较远距离的被拍摄对象拉近拍摄时，不易受光线和环境影响，但由于成像后前景与背景的景物紧凑，空间感较差。

▲ 佳能 EF 70-200mm F2.8 L IS Ⅱ USM

常见的佳能定焦长焦镜头有EF 135mm F2L USM、EF 200mm F2L IS USM、EF 400mm F2.8L IS USM等，而变焦长焦镜头则以EF 70-200mm F2.8L Ⅱ IS USM及EF 100-400mm F4.5-5.6L IS USM等为代表。

常见的尼康定焦长焦镜头有AF 尼克尔DC 135mm F2D自动对焦镜头、AF-S 尼克尔VR 200mm F2G IF-ED 自动对焦镜头S型等，而长焦变焦镜头则以AF-S 尼克尔 70-200mm F2.8G ED VRⅡ 及AF-S 尼克尔VR 200-400mm F4G IF-ED 自动对焦镜头S型等为代表。

▲ 使用长焦镜头拍摄太阳，太阳看起来非常之大，远处的山和近处的树呈现剪影效果，增加了画面的层次感和对比度。
「焦距：300mm ｜光圈：f/6.3 ｜快门速度：1/1000s ｜感光度：ISO100」

2.3.7 微距镜头带你探索肉眼看不到的世界

微距镜头主要用于近距离拍摄物体，它具有1:1的放大倍率，即成像与物体实际大小相等。它的焦距通常为65mm、100mm和180mm等。微距镜头被广泛地应用于静物摄影、花卉摄影和昆虫摄影等拍摄对象体积较小的领域，并且在拍摄时可以对无关的背景进行虚化处理。另外也经常被用于翻拍旧照片。

▲佳能 EF 100mm F2.8 L IS USM

佳能原厂微距镜头有EF 100mm F2.8L IS USM、EF 180mm F3.5L USM、EF-S 60mm F2.8 USM等镜头可选用。

尼康原厂微距镜头有AF-S VR 105mm F2.8G IF-ED、AF-S 60mm F2.8G ED、AF-S DX 40mm F2.8G等镜头可选用。

▼使用微距镜头靠近拍摄，蜘蛛的体态被放大后，大大的眼睛给人很强的视觉冲击力。「焦距：100mm | 光圈：F13 | 快门速度：1/250s | 感光度：ISO100」

2.4 根据题材选镜头

2.4.1 人像摄影推荐镜头

大光圈镜头在最大光圈下的柔和成像效果十分适合拍摄人像。大光圈可使整个背景大幅虚化，从而让被摄人物显得更加突出。无论是变焦镜头还是定焦镜头，镜头的虚化效果都是随着光圈的变大而变强的。

但是人像摄影的表现手法并不仅仅是虚化背景，可以挑选自己喜欢的镜头进行多种多样的自由表现，比如可以使用广角镜头大胆改变角度进行拍摄。只要能将人物的魅力表现出来，对镜头的选择和拍摄手法并没有特别的限制。

▼「焦距：50mm ｜光圈：F3.5｜ 快门速度：1/800s｜ 感光度：ISO100」

佳能标准焦段至中远摄焦段的镜头组合

EF 24-70mm F2.8 L USM

EF 70-200mm F2.8 L IS Ⅱ USM

EF 85mm F1.8 USM

尼康高品质人像摄影的镜头组合

AF-S DX 变焦尼克尔 17-55mm F2.8G IF-ED

AF-S 尼克尔 50mm F1.4G

2.4.2 自然风光摄影推荐镜头

对于主拍风光的用户来说，忠实再现远处细小被摄体的细节是拍摄的关键。因此，在搭配镜头时，应先考虑镜头的“分辨率”。镜头的亮度与分辨率没有直接关系，这里无须特别关注最大光圈。因为拍摄风光时经常需要收缩光圈以增加景深，想获得较高的分辨率的时候也需要缩小光圈。

此外，在选择镜头时，携带的便利性也是一个十分重要的影响因素。在拍摄风光时，为了获得更好的拍摄位置，经常需要到处走、到处看，为了顺利完成拍摄任务，需要保存体力，因此镜头的重量越轻越好。

▲「焦距：30mm | 光圈：F16 | 快门速度：7s | 感光度：ISO100」

佳能推荐镜头组合

EF 16-35mm F2.8 L Ⅱ USM

EF 24-70mm F2.8 L USM

EF 70-200mm F4 L IS USM

尼康推荐镜头组合

AF-S DX 尼克尔 10-24mm F3.5-4.5G ED

AF-S DX 变焦尼克尔 17-55mm F2.8G IF-ED

AF-S 尼克尔 70-200mm F4G ED VR

2.4.3　微距摄影推荐镜头

花草、昆虫、珠宝或是日用品等都可成为微距摄影的被摄体，它们的共同特点是尺寸较小，因此要选择能够将它们拍大的镜头进行拍摄。虽然除了微距镜头之外，确实也有一些镜头可以进行近距离拍摄，但其性能与微距镜头相比还是有差距的。

微距摄影的一个重要指标是镜头的放大倍率，它决定了镜头能将较小的被摄体拍成多大。微距镜头一般都具有较高的最大放大倍率，微距镜头最高可实现约5倍的放大拍摄。添加一款微距镜头可提升面对不同被摄体时的拍摄能力。

▲「焦距：100mm ｜光圈：F3.5｜ 快门速度：1/500s｜ 感光度：ISO200」

佳能微距镜头推荐

EF 100mm F2.8 L IS USM 微距

尼康微距镜头推荐

AF-S DX 微距尼克尔 40mm F2.8G

AF-S VR 微距尼克尔 105mm F2.8G IF-ED

2.4.4 动物、体育摄影推荐镜头

拍摄无法靠近的动物等被摄体时，远摄焦段变得十分必要。无论是多出10mm还是20mm，焦距越长越有利于这种场景的拍摄。从机身来讲，APS-H和APS-C画幅机型的远摄效果要优于全画幅机型。200mm焦距镜头安装在APS-H和APS-C画幅机身上，换算为35mm规格分别具有相当于约260mm和约320mm的视角。

在拍摄大型动物时，200mm左右的焦距便已足够，但拍摄小型动物或距离较远的动物时，如果拥有一款300mm以上焦距的镜头，那么拍摄将会更有把握。

400mm级别的镜头在室外拍摄时并非总是显得过长，比如在拍摄野生鸟类等被摄对象时，它就成为了标准的拍摄焦距段。

▼「焦距：300mm ｜光圈：F10｜ 快门速度：1/800s ｜ 感光度：ISO400」

佳能高品质远摄镜头与增距镜的组合

EF 24-105mm F4 L IS USM

EF 100-400mm F4.5-5.6LIS USM

增倍镜 EF 2× Ⅲ

尼康高品质远摄镜头与增距镜的组合

AF-S 尼克尔 70-200mm F4G ED VR

AF-S 尼克尔 300mm F4E PF ED VR

AF-S TC-17E Ⅱ 增距镜

课后任务：使用长焦镜头拍摄昆虫

目标任务：

利用长焦镜头远距离拍摄昆虫并得到小景深的画面效果，不但使昆虫不被惊扰，还可使其在杂乱的环境中突出出来。

前期准备步骤：

1．选择适合的长焦镜头

选择焦距200mm或以上的长焦镜头。

2. 选择昆虫出没的时间和季节

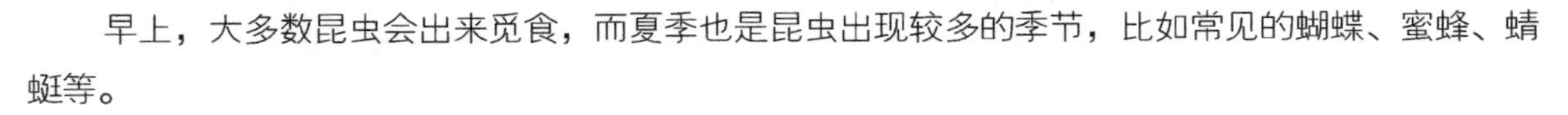

早上，大多数昆虫会出来觅食，而夏季也是昆虫出现较多的季节，比如常见的蝴蝶、蜜蜂、蜻蜓等。

3. 选择合适的拍摄距离

为了不惊扰到昆虫，最好在较远处静静守候，等其落定后，再进行拍摄。

相机实操步骤:

长焦镜头拍摄昆虫步骤:

1. 尽可能使用镜头的长焦端进行基本的构图。原因之一是尽可能确保不会吓跑昆虫，同时，长焦端拥有更强的虚化能力，对于拍摄浅景深效果大有帮助。

2. 将拍摄模式设置为光圈优先，并设置为最大的光圈值。如果担心最大光圈下图像质量会下降，可适当收缩半挡光圈。

3. 将ISO设置为100，以保证较高画质。但如果光线不充足，快门速度过低，则应适当提高感光度或光圈。

4. 将对焦模式设置为单次自动对焦模式。建议选择中央对焦点进行单点对焦。

5. 将测光模式设置为评价测光，针对被摄对象进行测光。

6. 将对焦点设置成为单点对焦（如追求较高的对焦精度，建议使用中央对焦点）。

7. 半按快门对拍摄对象进行对焦。

8. 对焦成功后，保持半按快门状态并移动相机重新构图，然后按下快门即完成拍摄。

第3章　了解摄影附件

【学前导读】

为了更顺利地完成拍摄，要学会运用不同的附件来辅助拍摄，读者会发现很多看似困难的拍摄任务，只要用好一件小小的附件就可以轻松完成。

【本章结构】

【学习要领】

1. 知识要领

了解各种附件的特点及运用

2. 能力要领

拍摄特殊效果的画面或是避免干扰画面状况，学会选择适合的附件

3.1 存储卡

3.1.1 什么情况下需要高速存储卡

通常情况下，如果购买的是当前市场上主流的存储卡，而且不经常使用高速连拍功能，更很少使用相机录制高清视频，则存储卡的存储速度并不会对拍摄造成影响。

但如果拍摄的是动物、体育、纪实等类型的题材，需要经常使用高速连拍功能，或者经常使用相机为婚礼录制高清视频，此时只有选择大容量的高速存储卡，才能够保证相机的总体性能不变，否则就有可能导致相机的性能下降。

◀ 拍摄速度较高的运动场景时，可使用高速存储卡。「焦距：275mm ｜光圈：F6.3 ｜快门速度：1/1250s ｜感光度：ISO800」

3.1.2 认识高速存储卡

SD卡（Secure Digital Memory Card）中文翻译为安全数码卡，被广泛用于便携式数码设备上，Canon EOS 5Ds/5DsR可以使用SD卡存储照片。

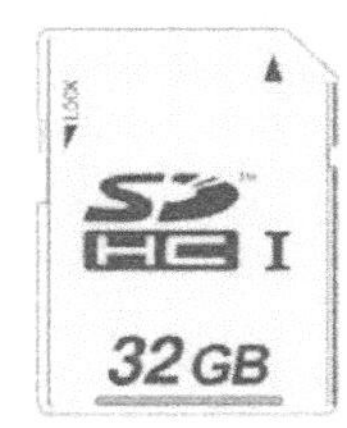

▲具有不同标识的 SDXC 及 SDHC 存储卡

容量与存储速度是评判SD卡的两个重要指标，判断SD卡的容量很简单，只需要看一下存储卡上标注的数值即可；而要了解存储卡的存储速度，则首先要知道评定SD卡存储速度的三种方法。

第一种是使用Class评级。比如，大部分的SD卡可以分为Class2、Class4、Class6和Class10等级别，Class2表示传输速度为2MB/s，而Class10则表示传输速度为10MB/s。

第二种是按UHS（超高速）评级，分UHS-Ⅰ、UHS-Ⅱ两个级别。

第三种是用“x”评级。每个“x”相当于150KB/s的传输速度，所以一个133x的SD卡的传输速度可以达到19950KB/s。

▲由于鸟类的运动速度较快，因此在拍摄时使用了高速存储卡，以便快速记录其活动状态。

焦　距▷500mm
光　圈▷F6.3
快门速度▷1/2000s
感 光 度▷ISO400

3.2 遮光罩

3.2.1 什么情况下需要遮光罩

遮光罩一般应用在逆光、侧光环境中的拍摄，以避免周围的散射光进入镜头。遮光罩还有保护镜头的功能，防止镜头受到意外碰撞而损伤。

晴朗的白天由于光线比较强，为了保护镜头和获得优质的画面，应该使用遮光罩。而夜间拍摄时如果光源比较杂乱，则可以使用遮光罩避免周围的干扰光进入镜头。

3.2.2 认识遮光罩的类型

常用的遮光罩可粗分为两种类型：一种是鱼眼镜头遮光罩，也就是广角镜头遮光罩，镜头焦距越短，视角越大，遮光罩也就越短；另一种是中长焦镜头所用的遮光罩，由于视角偏小，可以选用长一点的遮光罩。

配置在不同焦距段镜头上的遮光罩也不能混用。50mm镜头的遮光罩用在100mm的镜头上，就起不到遮光作用，若用在28mm的镜头上，则会使画面产生暗角。

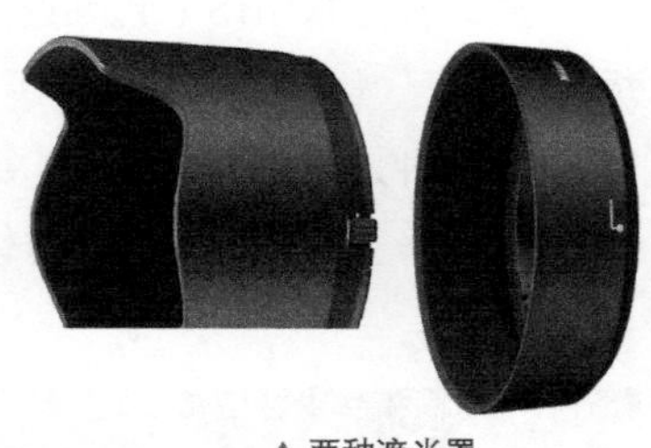

▲ 两种遮光罩

3.2.3 逆光拍摄时使用遮光罩防止眩光

在逆光环境下拍摄时，画面中容易出现眩光。有效的方法是在镜头前加装遮光罩，以避免镜头直接对准太阳。

▼ 在拍摄逆光照片时，使用遮光罩可以避免出现光晕，画面效果更加突出。「焦距：145mm | 光圈：F6.3 | 快门速度：1/200s | 感光度：ISO100」

3.3　脚架

3.3.1　什么情况下需要脚架

使用脚架的目的是避免相机产生振动，以便拍摄出更清晰的照片，在日常拍摄中，需要使用脚架稳定相机的情况有以下三种。

1. 长时间曝光。在拍摄如车流、弱光下的人像、城市 夜景、流云、流水等需要长时间曝光的题材时，由于快门速度很慢，手持拍摄容易使画面模糊，所以拍摄时一定要使用三脚架。

2. 静物摄影。在拍摄珠宝首饰、衣服、箱包等商业静物时，被摄对象往往是一组，而不是一个，而且这一组照片均要求布光考究、细节丰富、构图恰当，因此，在拍摄时摄影师通常在找到合适的机位后，用三脚架牢牢固定相机。然后，不断在静物台上更换静物，从而快速拍摄出一组构图相同、用光相似的照片。

3. 使用微距或长焦镜头拍摄时。在拍摄微距画面时，一般景深都比较浅，极细微的抖动便会造成模糊，从而影响到画面细节的表现，因此，使用微距镜头拍摄时，应使用脚架增强相机的稳定性。而长焦镜头的重量一般都比较重，如果长时间手持拍摄，体力会大大消耗，而且由于镜头的焦距较长，所以对安全快门速度也要求较高，因此，为了避免体力不支及快门速度低于安全快门的情况出现，一般都将相机安装在三脚架上进行拍摄。

▲ 以俯视角度拍摄的城市车灯轨迹，暖调的光线与冷调的天空形成明显的对比，画面看起来很醒目。「焦距：21mm | 光圈：F16 | 快门速度：17s | 感光度：ISO100」

3.3.2 脚架的种类与材质

根据支脚数量可将脚架分为三脚架与独脚架两种。三脚架用于稳定相机，甚至在配合快门线、遥控器的情况下，可实现完全脱机拍摄；而独脚架的稳定性能要弱于三脚架，主要是起支撑的作用，在使用时需要摄影师来控制独脚架的稳定性，由于其体积和重量大约都只有三脚架的1/3，因此无论是旅行还是日常拍摄携带都十分方便。

根据脚架材质可将脚架分为高强度塑料材质脚架、合金材料脚架、钢铁材料脚架、碳素纤维脚架及火山岩脚架等几种，其中以铝合金及碳素纤维材质的脚架最为常见。

铝合金脚架的价格较便宜，但重量较大，不便于携带；碳素纤维脚架的档次要比铝合金脚架高，便携性、抗震性、稳定性都很好，在经济条件允许的情况下，是非常理想的选择。它的缺点是价格很贵，往往是相同档次铝合金脚架的好几倍。

▲ 碳素纤维三脚架 ▲ 镁合金扳扣式独脚架

▲ 镁合金旋钮式三脚架 ▲ 镁铝合金独脚架

◀ 使用三脚架固定相机，经过长时间曝光使流动的水看起来有种如丝般的效果。「焦距：24mm | 光圈：F16 | 快门速度：2s | 感光度：ISO100」

3.4　快门线/遥控器

3.4.1　什么情况下需要快门线/遥控器

▲ 佳能 RS-60E3 快门线

在对稳定性或画面质量要求很高的情况下，例如对于城市夜景、星空、慢速流水、车流、烟花等需要长时间曝光的题材，以及商业静物、微距等情形，通常会采用快门线或遥控器与脚架结合使用的方式进行拍摄，以尽量避免直接按下快门按钮时可能产生的震动，以便得到更高的画面质量。

而在自拍或拍集体照时，如果不想在自拍模式下跑来跑去进行拍摄，则可以使用遥控器拍摄。

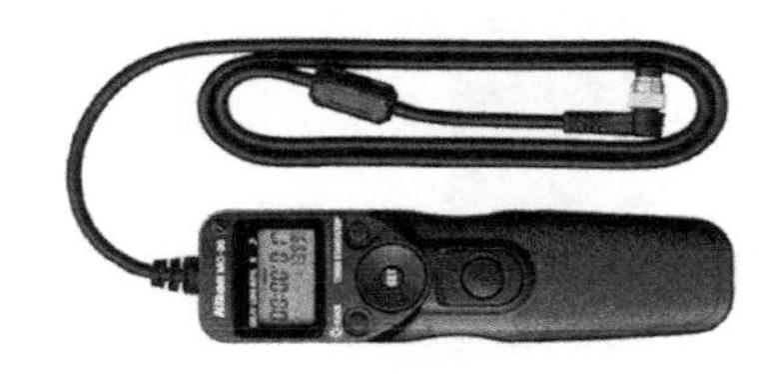

▲ 尼康 MC-36

3.4.2　快门线/遥控器使用方法

快门线的长度一般在60cm到80cm之间，将其插口与相机上的快门线接口连接起来，可以像在相机上操作一样，半按快门进行对焦、完全按下快门进行拍摄，但由于不用触碰机身，因此在拍摄时可以避免相机的抖动。较好的快门线还支持定时功能，可以实现遥控B门拍摄。

而遥控器就如同电视机的遥控器一样，可以在远离相机的情况下，按下遥控器上按钮进行对焦及拍摄，通常这个距离是5m左右，这已经可以满足自拍或拍集体照的需求了。在这方面，遥控器的实用性远大于快门线。

遥控器使用的是纽扣电池，在满电的情况下，可以进行约6000次信号传递。

▲ 佳能 RC-6 遥控器

▲ 快门线和遥控器适用拍摄题材

▲ 尼康 ML-L3 无线遥控器

3.5 闪光灯

外置闪光灯需要另外购买，可以安装在相机热靴上。相对于外置闪光灯，内置闪光灯只能算是弱光环境下的一个不得已的选择而已，外置闪光灯在闪光指数（GN，可简单理解为在相同环境及拍摄参数下所能达到的最大闪光强度，数值越大越好）、可调整角度和同步速度等方面，都远胜于内置闪光灯。

在布置创意性的光线时，外置闪光灯更能大显身手。对于使用佳能或尼康相机的摄影师而言，除了可以选择佳能EX系列的闪光灯、尼康SB系列的闪光灯外，还可以选择永诺、日清、美兹等其他厂家的闪光灯，其性价比更高。

▲ 尼康 SB-900 闪光灯

▲ 佳能 580EX Ⅱ 闪光灯

▲ 借助外置闪光灯为逆光的人像进行补光，缩小了光比，明暗过渡更柔和，有利于表现人物的柔美气质。「焦距：165mm ｜光圈：F4 ｜快门速度：1/125s ｜感光度：ISO100」

3.6 反光板

3.6.1 反光板的类型

反光板的类型较多，面积大的反光板的直径能超过2米，小的也有1米，可以将其折叠放在小包中，因此出行携带较为方便。

反光板有金、银、黑、白4种颜色的表面，因此可以反射出不同的光线，此外还有一个半透明的柔光板。

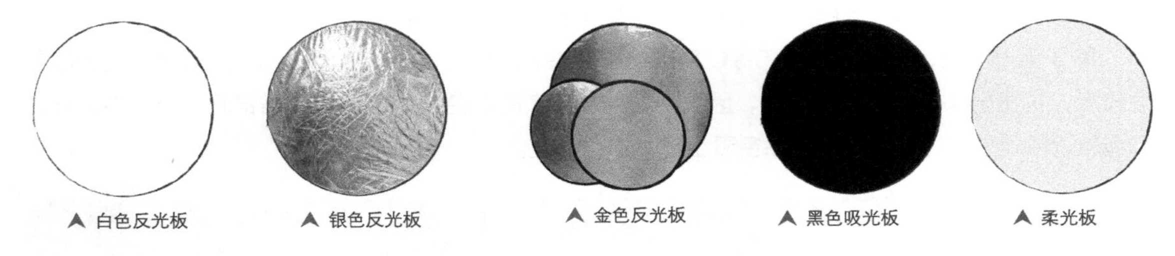

▲ 白色反光板　▲ 银色反光板　▲ 金色反光板　▲ 黑色吸光板　▲ 柔光板

3.6.2 使用反光板轻松为暗部补光

在明暗反差较大的环境中拍摄人像时，如直射光下、日出日落时，为了获得均匀、小光比的光照效果，通常会采用反光板为暗部进行补光。当反光板接收太阳的光线后，再将其反射到被摄体的背光面，就能够柔化直射光对模特面部的强烈照射，获得柔和的人像画面效果。

▲ 使用反光板靠近人物拍摄，虽然是前侧光拍摄，但人物脸部阴影区域的细节却非常丰富。

▲ 未使用反光板拍摄的效果，可以看出画面人物皮肤稍暗。

3.6.3 区分使用反光板的白色和银色反光面

反光板的颜色虽多，但最常用的还是白色与银色。白色面的反射率低，但光质柔和，主要用于晴天逆光时。白色面整体为漫反射，会在模特的眼睛里形成反光板形状的光斑。其反射强度可通过微调与拍摄对象的距离和角度进行控制。阴天的时候，反射率较低，有时会因反射效果太弱而无法使用。此外可以尝试使用多块反光板，例如将两块反光板分别放在模特的上方与下方，可以形成鳄鱼光，以充分发挥其反光效果。

而银色面的反光率更高，其反射的光线强烈，光质较硬，强光下使用会形成强烈的光效。通常，仅在晴天顺光状态下用于消除头发的投影，在逆光状态下需远距离使用。不过在光线较弱的阴天时，可以充分发挥其强大的反射效果，而且在近距离也可以使用。

除了用于补光，银面反光板还可以用于纠正被摄者的肤色，由于银面反光板反射出来的光线色温较高，拍摄出来的画面偏冷一些，因此，如果被摄者的肤色偏黄，可以使用银面反光板在距离被摄者较近的位置进行补光，使其肤色看上去更白皙一些。

▲ 使用银面反光板为人物补光，并适当缩小光圈，保持对背景的曝光不变，在拍出来的画面中可看出经过补光，人物的面部得到提亮，且皮肤也更细腻了。「焦距：200mm ｜光圈：F4｜ 快门速度：1/250s｜ 感光度：ISO100」

3.6.4 灵活调整反光板距模特的距离

使用反光板控制光线，技巧在于结合现场光线和拍摄意图，灵活运用不同质地的反光面的反射率差异，以及反光板与模特的距离和角度控制反光效果。

当反光板距离被摄者较远时，反射光线较弱，反之，当反光板距离被摄者较近时，反射光线较强，但也正因如此，需要注意调整反光板的角度，以避免被摄者由于强反射光无法睁开眼睛。

▲ 逆光照射下形成的金色轮廓光非常漂亮，为了避免模特的面部太暗，从前侧方对其面部进行了补光。

「焦距：200mm | 光圈：F3.2 | 快门速度：1/640s | 感光度：ISO100」

3.7 偏振镜

3.7.1 什么情况下需要使用偏振镜

偏振镜也叫偏光镜或PL镜，主要用于消除或减少物体表面的反光。在风景摄影中，为了降低反光、获得浓郁的色彩，又或者希望拍摄清澈见底的水面、透过玻璃拍好里面的物品等，此时一个好的偏振镜是必不可少的。

▲ 肯高 67mm C-PL（W）偏振镜

3.7.2 要拍出蓝天白云必用偏振镜

在晴天拍摄时，由于天空中存在大量的偏振光，导致拍摄的蓝天颜色较淡，在镜头前加装偏振镜可以减少空气中的偏振光，使蓝天看上去更蓝、更清澈。使用偏振镜拍摄，既能压暗了天空，又不会影响其余景物的色彩还原。

▲ 利用偏振镜消除天空中的偏振光，得到的画面中蓝天更湛蓝，白云也更加立体。「焦距：24mm ｜光圈：F18 ｜快门速度：1/200s ｜感光度：ISO100」

3.7.3　要增强画面色彩饱和度必用偏振镜

如果拍摄环境的光线比较杂乱，则会对景物的颜色还原产生很大的影响。环境光和天空光在物体上形成的反光，会使景物的颜色看起来并不鲜艳。使用偏振镜进行拍摄，可以消除杂光中的偏振光，减少杂散光对物体颜色还原的影响，从而提高物体的色彩饱和度，使景物的颜色显得更加鲜艳。

➤ 镜头前加装偏振镜进行拍摄，可以改变画面的灰暗色彩，增强色彩的饱和度。

3.7.4　要消除玻璃等光洁物体的反光必用偏振镜

使用偏振镜进行拍摄的另一个好处就是可以抑制被摄体表面的反光。我们在拍摄水面、玻璃表面时，经常会遇到反光，使用偏振镜则可以削弱玻璃以及其他非金属物体表面的反光。

通过在镜头前方安装偏振镜，过滤水面反射的光线，将水面拍得很清澈透明，使水面下的石头、水草都清晰可见，是拍摄溪流、湖景的常见手法。

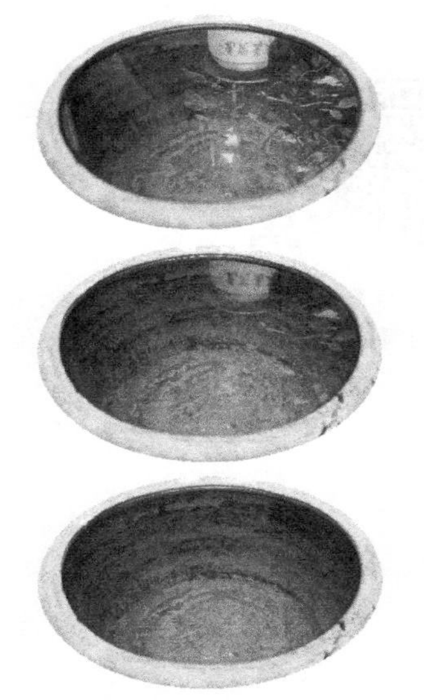

▲ 随着转动偏振镜，水面上的倒映物慢慢地消失不见了。

▲ 使用偏振镜消除水面的反光，从而拍摄到更加清澈的水面。

3.8 中灰镜

3.8.1 什么情况下要使用中灰镜

在拍摄风光时，如果想在光线充足的环境下，使用较低的快门速度拍摄，此时就可使用中灰镜来达到降低快门速度的目的。

▲ 肯高 52mm ND4 中灰减光镜

3.8.2 什么是中灰镜

中灰镜即ND（Neutral Density）镜，又被称为中性灰阻光镜、灰滤镜、灰片等。其外观类似于一个半透明的深色玻璃，通常安装在镜头前面用于减少镜头的进光量，以便降低快门速度。

3.8.3 中灰镜的规格

中灰滤镜分不同的档位，常见的有ND2、ND4、ND8、ND64、ND1000五种，简单来说，它们分别代表可以降低1挡、2挡、3挡、6挡、10挡的快门速度。假设在光圈为F16时，对正常光线下的瀑布测光（光圈优先模式）后，得到的快门速度为1/8s，此时如果需要以1s的快门速度进行拍摄，就可以安装ND8型号的中灰镜。

不同挡位的中灰滤镜密度不同，如ND2的密度是0.3，ND4的密度是0.6，ND8的密度是0.9等。密度为0.3的中灰镜，透光率为50%，密度每增加0.3，中灰镜就会增加一倍的阻光率。

◀ 使用中灰镜减少镜头进入的光线，得到水雾状的海面效果。

中灰镜各项参数对照表

透光率(p)	密度(D)	阻光倍数(O)	滤镜因数	曝光量减少级数
50%	0.3	2	2	1
25%	0.6	4	4	2
12.5%	0.9	8	8	3
6%	1.2	16	16	4

3.8.4　要在拍摄时延长曝光时间首选中灰镜

虽然说使用较低的快门速度就可以拍出如丝般的溪流、飞逝的流云效果。但在实际拍摄时，经常遇到的一个难题就是，由于天气晴朗、光线充足等原因，导致即使使用了最小的光圈，也仍然无法达到这样低的快门速度，更不要说使用更低的快门速度拍出如丝般的梦幻效果。

此时便可以使用中灰镜来降低进光量。以ND1000中灰镜为例，其减光级数可达10挡，即使是白天拍摄，也可以达到长时间曝光的目的。

▲ 通过缩小光圈并配合使用中灰镜的方法，降低了快门速度，拍摄到了水流形成丝绸般的效果。

3.9 渐变镜

3.9.1 什么情况下要使用渐变镜

在阴天、日出日落等环境下，想要拍摄到天空与地面细节都丰富的画面时，便可以使用渐变镜来降低天空与地面的反差。

除此之外，如果使用彩色渐变镜，则可以增强画面效果或得到个性的色彩效果。

3.9.2 什么是渐变镜

渐变镜是一种一半透光、一半阻光的滤镜。由于此滤镜一半是完全透明的，而另一半是灰暗的，因此具有一半完全透光、一半阻光的作用，其作用是平衡画面的影调关系，是风光摄影必备的滤镜之一。

渐变镜分有0.3、0.6、0.9、1.2等不同的挡位，分别代表深色端和透明端的档位相差为1挡、2挡、3挡及4挡，在使用渐变镜拍摄时，先分别对画面亮处（即需要使用渐变镜深色端覆盖的区域）和要保留细节处测光（即渐变镜透明端覆盖的区域），计算出这两个区域的曝光相差等级，如果两者相差1挡，那么就选择0.3的镜片；如果两者相差2挡，那么就选择0.6的镜片，依次类推。

渐变镜有各种颜色，除了常用的中灰色渐变镜外，还有蓝色、珊瑚色、橙色、红色、粉红色及烟草色，一应俱全。

▲ 圆形与方形的中灰渐变镜

3.9.3 不同形状渐变镜的特点

圆形渐变镜是安装在镜头上的，使用起来比较方便，但由于渐变是不可调节的，因此只能拍摄天空约占画面50%的照片；而使用方形渐变镜时，需要购买一个支架装在镜头前面才可以把滤镜装上，其优点是可以根据构图的需要调整渐变的位置。

使用托架的另一个优点是可以插入多片渐变镜，形成复杂的阻光效果。另外，当所拍摄场景的地平线是倾斜的时候，能通过调整托架的方向与之匹配，以避免渐变镜的渐变区域与前景重叠。因此，对于风光摄影而言，渐变镜的角度是否能够调整就显得非常重要。

▲ 圆形与方形的彩色渐变镜

3.9.4　使用中灰渐变镜降低明暗反差

由于在拍摄风光时，经常遇到天空的亮度比地面景物的亮度高许多的情况，因而常常需要压暗天空的影调，以求与地面景物的亮度平衡，这时使用渐变灰镜，将颜色比较深的那边放在高光部分（比如风光摄影中的天空），然后把较浅或透明的部分留给光线较弱的部分（比如水面、大地等），拍摄时就可以相对地平衡照片中两个部分的影调关系了。

用中灰渐变镜拍摄大光比场景

在拍摄日出或日落等场景时，天空与地面的亮度反差会非常大，由于数码单反相机的感光元件对明暗反差的兼容性有限，因此无法兼顾天空与地面的细节。

换句话说，如果要表现天空的细节，按天空中较亮的区域测光并进行曝光，则地面就会因欠曝而失去细节；如果要表现地面的细节，按地面景物的亮度进行测光并进行曝光，则天空就会成为一片空白而失去所有细节。要解决这个问题，最好的选择就是用中灰渐变镜来平衡天空与地面的亮度。

拍摄时将中灰渐变镜上较暗的一侧安排在画面中天空的部分，由于深色端有较强的阻光效果，因此可以减少进入相机的光线，从而保证在相同的曝光时间内，画面上较亮的区域进光量少，与较暗的区域在总体曝光量上趋于相同，使天空上云彩的层次更丰富。

➤ 黄昏时，借助于中灰渐变镜压暗过亮的天空，缩小其与地面的明暗差距，得到了层次细腻的画面效果。

课后任务：配合三脚架拍摄夜景建筑

目标任务：

配合三脚架拍摄清晰的夜景建筑，画面尽量保持精细。

前期准备步骤：

1．选择拍摄镜头

标准镜头或广角镜头为最佳。

2．选择拍摄建筑物

尽量选择光源较多的建筑物，可使画面看起来更加美观。

3. 拍摄角度与构图

除了需要选择合适的角度表现建筑物外，在构图时，还应注意周围环境对建筑物的影响，可纳入未全黑的天空来衬托夜景的静谧气氛。

4. 借助三脚架得到清晰的画面

为了确保夜景建筑画面的精密，通常会设置较低的感光度，此时就需要借助于三脚架来固定相机，以确保画面的清晰度。

相机实操步骤：

配合三脚架拍摄夜景建筑步骤：

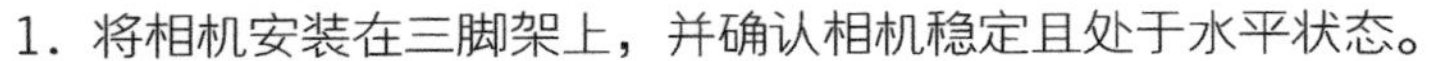

1．将相机安装在三脚架上，并确认相机稳定且处于水平状态。

2. 调整相机的焦距及脚架的高度等，对画面进行构图（此过程中，可以半按快门进行对焦，以清晰观察取景器中的影像）。

3. 选择光圈优先模式并设置F8-F16的光圈值，以保证足够的景深。如果画面中存在点光源，设置F11-F22区间的光圈值，还可以拍摄到漂亮的星光效果。

4. 设置感光度数值为最低感光度ISO100（少数中高端相机也支持ISO50的设置），以保证成像质量。

5. 将测光模式设置为矩阵/评价测光模式。

6. 如要真实还原场景中的色彩，使用“自动”白平衡即可；反之，则可以尝试“荧光灯”、“阴影”等白平衡模式，得到不同的色彩效果。

7. 半按快门对建筑进行对焦——对亮部进行对焦更容易成功。而死黑或死白等单色影像则不容易成功对焦。

8. 确认对焦正确后，按下快门完成拍摄（为避免手按快门时产生震动，推荐使用快门线或遥控器来控制拍摄）。

第4章　摄影中的曝光技巧

【学前导读】

除了了解相机的基本结构还需要熟悉各种功能，才可以更好地表现被摄对象的特点，例如，表现细节或需要突出主体时，需要设定光圈优先模式并设置较大的光圈，以得到小景深的画面；在需要清晰表现运动物体时，则需要设置快门优先模式并设置较高速度的快门等。

【本章结构】

【学习要领】

1. 知识要领

- 基本的曝光形式和曝光模式
- 掌握曝光补偿、对焦、测光和白平衡等功能

2. 能力要领

熟练运用相机的各种功能

4.1　认识曝光三要素之光圈

4.1.1　光圈值及表示方法

光圈是镜头内部用于控制通光量的装置，通过镜头内的连动装置能够自动调整光圈孔径的大小，进而调整通光量。

为了使用的便利，通常使用光圈系数来表示光圈的大小，如F1.4、F2、F2.8、F4、F5.6、F8、F11、F16、F22等，光圈系数的数值越小，光圈就越大，进光量也越大。

▲ 从镜头的底部可以看到镜头内部的光圈金属薄片

▲ 光圈：F8 | 快门速度：1/50s | 感光度：ISO6400

▲ 光圈：F7.1 | 快门速度：1/50s | 感光度：ISO6400

▲ 光圈：F5.6 | 快门速度：1/50s | 感光度：ISO6400

▲ 光圈：F4.5 | 快门速度：1/50s | 感光度：ISO6400

▲ 光圈：F4 | 快门速度：1/50s | 感光度：ISO6400

▲ 光圈：F3.5 | 快门速度：1/50s | 感光度：ISO6400

▲ 光圈：F3.2 | 快门速度：1/50s | 感光度：ISO6400

▲ 光圈：F2.8 | 快门速度：1/50s | 感光度：ISO6400

▲ 从这一组示例图可以看出，通过光圈可以控制影像的景深，光圈越小，景深就越大；光圈越大，景深就越小。除此之外，当光圈不断增大时，由于同一曝光时间内进入光圈的光量增加了，因此曝光量在不断增加，画面也随之不断变亮，画面色彩在呈现明显变淡趋势的同时，整个场景的景深也在逐渐变小。

光圈值用字母 F 或 f 表示，如 F8、f8（或 F/8、f/8）。常见的光圈值有 F1.4、F2、F2.8、F4、F5.6、F8、F11、F16、F22、F32、F36 等，光圈每递进一挡，光圈口径就不断缩小，通光量也逐挡减半。例如，F5.6 光圈的进光量是 F8 的两倍。

当前我们所见到的光圈数值还包括 F1.2、F2.2、F2.5、F6.3 等，这些数值不包含在光圈正级数之内，这是因为各镜头厂商都在每级光圈之间插入了 1/2 倍（F1.2、F1.8、F2.5、F3.5 等）和 1/3 倍（F1.1、F1.2、F1.6、F1.8、F2.2、F2.5、F3.2、F3.5、F4.5、F5.0、F6.3、F7.1 等）变化的副级数光圈，以更加精确地控制曝光程度，使画面的曝光更加准确。

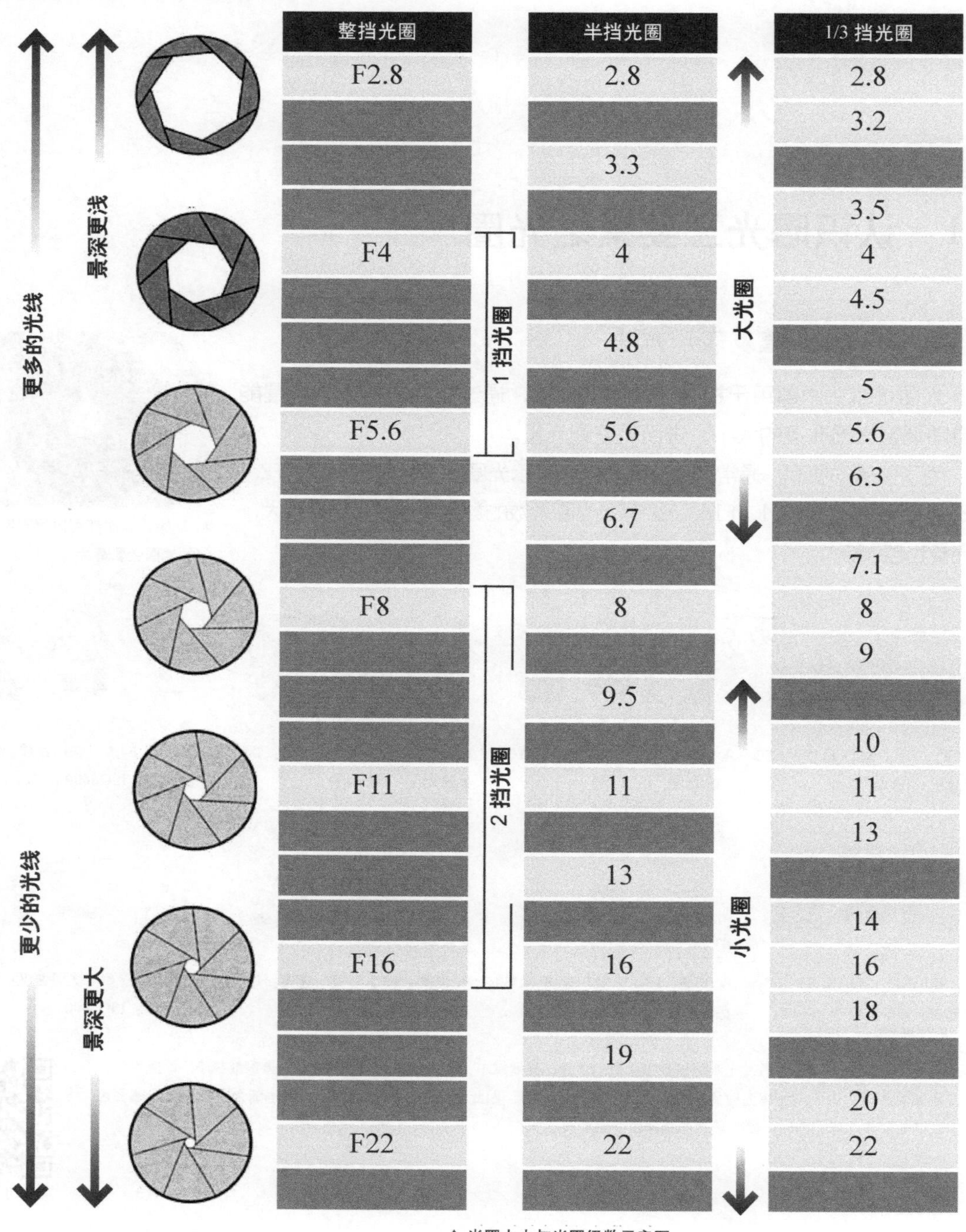

▲ 光圈大小与光圈级数示意图

4.1.2 理解可用最大光圈

虽然光圈数值是在相机上设置的，但其可调整的范围却是由镜头决定的，即镜头支持的最大及最小光圈，就是在相机上可以设置光圈的上限和下限。

在右侧展示的6款镜头中，佳能EF 85mm F1.2 L Ⅱ USM是定焦镜头，其最大光圈为F1.2（尼康AF-S 85mm F1.4G ED IF N是定焦镜头，其最大光圈为F1.4）；佳能EF 16-35mm F2.8 L Ⅱ USM（尼康AF-S 尼克尔 24-70mm F2.8 G ED）为恒定光圈的变焦镜头，无论使用哪一个焦距段进行拍摄，其最大光圈都只能够达到F2.8；佳能EF 28-300mm F3.5-5.6 L IS USM是浮动光圈的变焦镜头，当使用镜头的广角端（28mm）拍摄时，最大光圈可以达到F3.5，而当使用镜头的长焦端（300mm）拍摄时，最大光圈只能够达到F5.6。

尼康AF-S 18-200mm F3.5-5.6G ED VR II是浮动光圈的变焦镜头，当使用镜头的广角端（18mm）拍摄时，最大光圈可以达到F3.5；而当使用镜头的长焦端（200mm）拍摄时，最大光圈只能够达到F5.6。

同样，上述几款镜头也均有最小光圈值，例如，佳能EF 16-35mm F2.8 L Ⅱ USM（尼康AF-S 尼克尔 24-70mm F2.8 G ED）的最小光圈为F22，佳能EF 28-300mm F3.5-5.6 L IS USM的最小光圈同样是一个浮动范围（F22~F38），而对于尼康AF-S 18-200mm F3.5-5.6G ED VR II的最小光圈同样是一个浮动范围（F22~F36）。

▲ 使用大光圈虚化背景以突出人物，是拍摄人像时最常用的手法，采用此方法可使模特在杂乱的环境中更加突出。「焦距：85mm ｜光圈：F2.5｜ 快门速度：1/100s｜ 感光度：ISO200」

▲ 佳能 EF 16-35mm F2.8 L Ⅱ USM

▲ 佳能 EF 85mm F1.2 L Ⅱ USM

▲ 佳能 EF 28-300mm F3.5-5.6 L IS USM 广角端28mm的最大光圈为F3.5，长焦端300mm的最大光圈为F5.6

▲ 尼康 AF-S 尼克尔 24-70mm F2.8 G ED

▲ 尼康 AF-S 85mm F1.4G ED IF N

▲ 尼康 AF-S 18-200mm F3.5-5.6G ED VR II 广角端18mm的最大光圈为F3.5，长焦端200mm的最大光圈为F5.6

4.2 了解景深

当摄影师将镜头对焦于景物的某个点并拍摄后，在照片中与该点处于同一水平面的景物都是清晰的，而位于该点前方和后方的景物则由于都没有对焦，因此是模糊的。由于人眼不能精确地辨别焦点前方和后方出现的轻微模糊，因此这部分图像看上去仍然是清晰的，这种清晰的景物会一直在照片中向前、向后延伸，直至景物看上去变得模糊而不可接受，这个可接受的清晰范围就是景深。

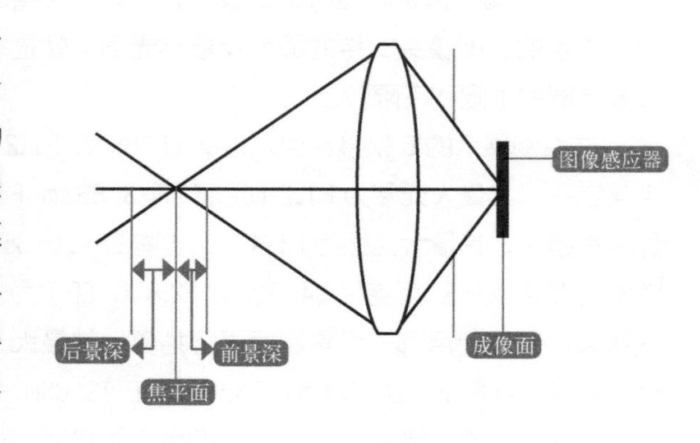

简单来说，景深即指对焦位置前后的清晰范围。清晰范围越大，表示景深越大；反之，清晰范围越小，表示景深越小。

右侧示例图是一个较为完整的景深示意图，图中焦平面就是对焦的位置，与其处于同一水平面的景物都是清晰的，后景深到前景深之间的距离就是画面清晰的范围，也就是指景深，从图中可以看出后景深的清晰范围大于前景深的清晰范围。

4.2.1 焦平面

焦平面是指合焦点所在的平面（此平面平行于相机的感光元件），在整个画面中位于焦平面所在的景物是最清晰的。重构图时只能上下左右移动，不可前后移动的原因，正是因为前后移动会改变焦平面的位置，导致原本合焦处的景物变得不清晰。

当摄影师将镜头对焦于某个点进行拍摄时，在照片中与该点处于同一平面（此平面平行于相机的感光元件）的景物都是清晰的，而位于该点前方和后方的景物则都是模糊的，这个平面就是成像焦平面。

如果摄影师的相机位置不变，当被摄对象在可视区域内的焦平面上水平运动时，成像始终是清晰的；但如果其向前或向后移动，则由于脱离了成像焦平面，会出现一定程度的模糊，模糊的程度与距焦平面的距离成正比。

▲ 合焦点在中间的玩偶上，但由于另外两个玩偶与其在同一焦平面上，因此三个玩偶均是清晰的。

▲ 合焦点仍然在中间的玩偶上，但由于另外两个玩偶与其不在同一焦平面上，因此另外两个玩偶均是模糊的。

4.2.2　4个影响景深大小的因素

光圈

光圈是控制景深（背景虚化程度）的重要因素。在其他条件不变的情况下，光圈越大景深越小，反之光圈越小景深越大。通过调整光圈数值的大小，即可拍摄不同的对象或表现不同的主题。例如，大光圈主要用于人像摄影、微距摄影，通过模糊背景来有效地突出主体；小光圈主要用于风景摄影、建筑摄影、纪实摄影等，大景深能让画面中的所有景物都能清晰再现。

▲焦距：100mm ｜光圈：F3.2 ｜ 快门速度：1/125s ｜感光度：ISO640

▲焦距：100mm ｜光圈：F4.5 ｜快门速度：1/80s ｜感光度：ISO640

▲焦距：100mm ｜光圈：F6.3 ｜快门速度：1/40s ｜感光度：ISO640

▲焦距：100mm ｜光圈：F9 ｜快门速度：1/20s ｜感光度：ISO640

▲从上面展示的一组照片中可以看出，当光圈从F3.2变化到F9时，画面的景深也渐渐变大，使用大光圈拍摄时模糊的部分会变得越来越清晰。

镜头焦距

在其他条件相同的情况下，拍摄时使用的焦距越长，则画面的景深越小，即可以得到更明显的虚化效果；反之，焦距越短越广，则画面的景深越大，越容易呈现前后景都清晰的画面效果。**但需要注意的是，焦距越短，视角越广，画面的透视变形效果也越明显，而且越靠近画面的边缘的图像，变形越明显，因此在构图时要特别注意这一点。**例如，在拍摄人像时，应尽可能将肢体置于画面的中间位置，特别是人物的面部。

▲焦距：70mm ｜光圈：F2.8 ｜快门速度：1/200s ｜感光度：ISO100

▲焦距：95mm ｜光圈：F2.8　快门速度：1/200s ｜感光度：ISO100

▲焦距：125mm ｜光圈：F2.8 ｜快门速度：1/200s ｜感光度：ISO100

▲焦距：200mm ｜光圈：F2.8 ｜快门速度：1/200s ｜感光度：ISO100

▲从上面展示的一组照片中可以看出，当焦距从70mm变化到200mm时，画面的景深也渐渐变小，背景的虚化程度越来越明显。

背景距离

在其他条件不变的情况下，画面中的背景与拍摄对象的距离越远，则越容易得到浅景深的虚化效果；反之，如果画面中的背景与拍摄对象位于同一对焦平面上，或者非常靠近，则不容易得到虚化效果。

从右侧展示的这组照片中可以看出，当被摄主体距离背景越来越近时，画面的景深也渐渐变大，原本模糊的背景变得越来越清晰。

▲ 焦距：100mm ｜光圈：F3.2 ｜快门速度：1/60s ｜感光度：ISO800

▲ 焦距：100mm ｜光圈：F3.2 ｜快门速度：1/60s ｜感光度：ISO800

▲ 焦距：100mm ｜光圈：F3.2 ｜快门速度：1/60s ｜感光度：ISO800

▲ 焦距：100mm ｜光圈：F3.2 ｜快门速度：1/60s ｜感光度：ISO800

物距

在其他条件不变的情况下，拍摄者与被摄对象之间的距离越近，则越容易得到浅景深的虚化效果；反之，如果拍摄者与被摄对象之间的距离较远，则不容易得到虚化效果。这点在使用微距镜头拍摄时体现得尤其明显，当离被摄体很近的时候，画面中的清晰范围就变得非常浅。

从右侧展示的这组照片中可以看出，使用定焦微距镜拍摄时，在拍摄参数不变的情况下，越靠近玩偶，背景的虚化效果越显著。

▲ 焦距：100mm ｜光圈：F3.2 ｜快门速度：1/60s ｜感光度：ISO800

▲ 焦距：100mm ｜光圈：F3.2 ｜快门速度：1/60s ｜感光度：ISO800

▲ 焦距：100mm ｜光圈：F3.2 ｜快门速度：1/60s ｜感光度：ISO800

▲ 焦距：100mm ｜光圈：F3.2 ｜快门速度：1/60s ｜感光度：ISO800

4.3 认识曝光三要素之快门

4.3.1 快门速度表示方法

快门的作用是控制曝光时间的长短，在按动快门按钮时，从快门前帘开始移动到后帘结束所用的时间就是快门速度，其单位为秒（s）。例如，如果快门速度为1s，则意味着整个曝光过程将持续1秒。

入门级及中端数码单反相机的快门速度通常在1/4000s至30s之间，而高端相机的最高快门速度已经达到1/8000s，可以满足几乎所有题材的拍摄要求。

常见的快门速度有30s、15s、8s、4s、2s、1s、1/2s、1/4s、1/8s、1/15s、1/30s、1/60s、1/125s、1/250s、1/500s、1/1000s、1/2000s、1/4000s、1/8000s等。

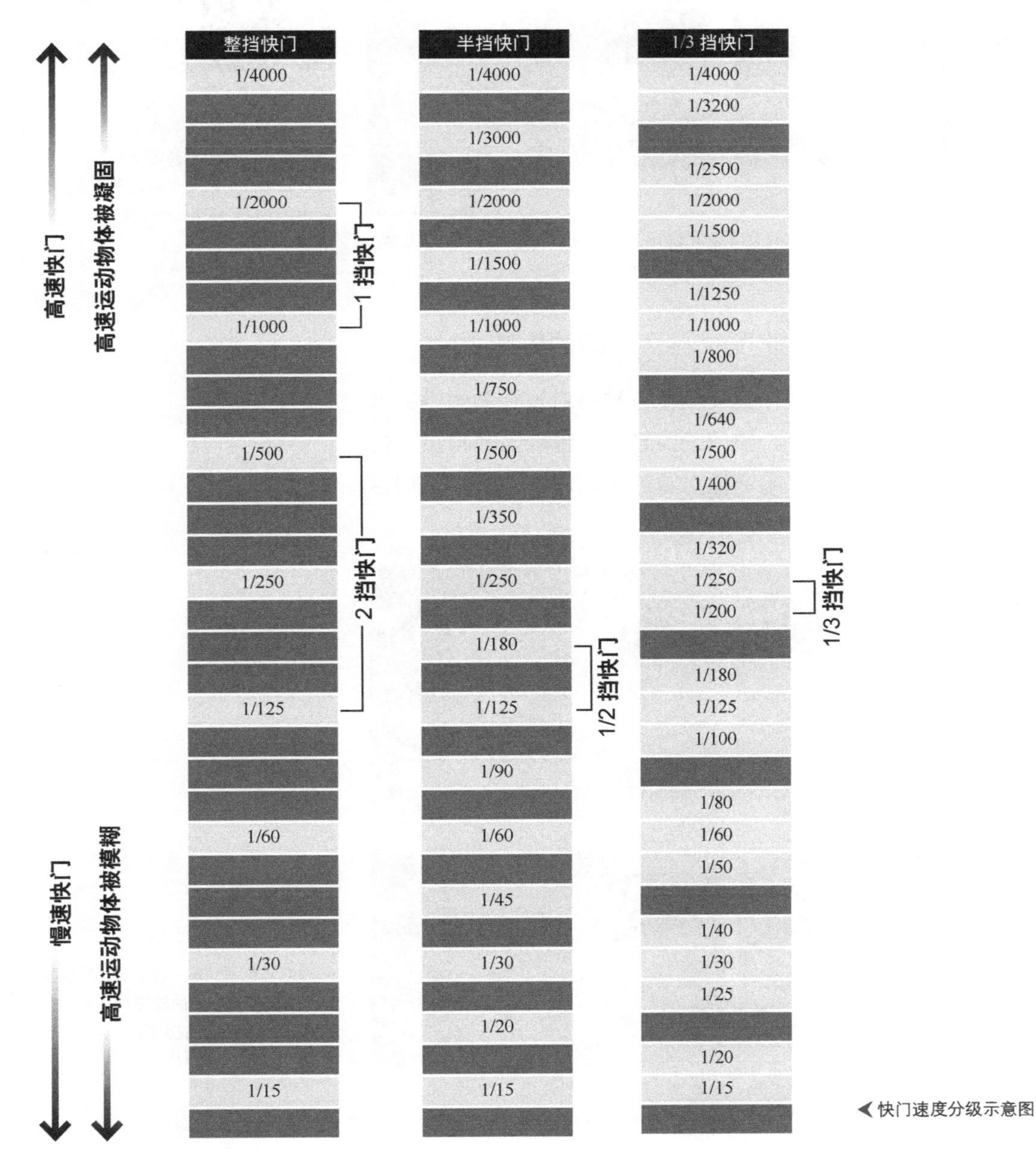

快门速度分级示意图

4.3.2 理解快门速度对画面亮度的影响

快门速度决定曝光时间的长短，快门速度越快，则曝光时间越短，曝光量越少，照片也越暗；快门速度越慢，则曝光时间越长，曝光量就越多，照片也越亮。

▲光圈：F2.8 | 快门速度：1/80s | 感光度：ISO2500

▲光圈：F2.8 | 快门速度：1/40s | 感光度：ISO2500

▲光圈：F2.8 | 快门速度：1/25s | 感光度：ISO2500

▲光圈：F2.8 | 快门速度：1/15s | 感光度：ISO2500

◀从这组示例图可以看出，当快门速度不断降低时，由于曝光时间变长，因此曝光量不断增加，画面也随之不断变亮，而画面的色彩也呈现明显的变淡趋势。

4.3.3 理解快门速度对画面动感的影响

拍摄运动物体时，快门速度越低，被摄对象在画面中的运动模糊效果越强烈。反之，快门速度越高，越能够清晰地定格运动物体的瞬间状态，如果被摄对象的运动趋势不明显，则会被误判为静止状态。

▲光圈：F16 | 快门速度：1/3s | 感光度：ISO100

▲光圈：F7.1 | 快门速度：1/8s | 感光度：ISO100

▲光圈：F4.5 | 快门速度：1/20s | 感光度：ISO100

▲光圈：F2.8 | 快门速度：1/50s | 感光度：ISO100

◀从这一组示例图可以看出，随着快门速度不断提高，画面的动感模糊效果不断减弱，运动对象也逐渐清晰。

4.3.4 安全快门的概念及计算方法

简单来说，**安全快门是人在手持拍摄时能保证画面清晰的最低快门速度。**这个快门速度与镜头的焦距有很大关系，即手持相机拍摄时，**快门速度应不低于焦距的倒数。**

比如当前焦距为200mm，拍摄时的快门速度应不低于1/200s。这是因为人在手持相机拍摄时，即使被摄对象待在原处纹丝未动，也会因为拍摄者本身的抖动而导致画面模糊。

这种换算是针对全画幅相机而言的，如果是类似于Canon EOS 70D的APS-C画幅相机（Nikon D7200为DX画幅23.5×15.6mm）则需要一个等效焦距，佳能APS-C画幅相机的焦距换算系数为1.6（尼康DX画幅相机的焦距换算系数为1.5）。

因此，如果镜头焦距为200mm，则在Canon EOS 70D上时，其焦距就变为了320mm（在Nikon D7200上时，焦距为225mm）。

当然，安全快门的计算只是一个参考值，它与个人的臂力、天气环境、是否有依靠物等因素都有关系，因此可以根据实际情况进行适当的增减。

◀ 虽然是拍摄静态的花卉，但由于光线较弱，致使快门速度低于了焦距的倒数，所以拍摄出来的花朵是比较模糊的。

▲ 拍摄时提高了感光度数值，因此能够使用更高的快门速度，从而确保拍摄出来的照片很清晰。「上图 焦距：200mm | 光圈：F2.8 | 快门速度：1/100s | 感光度：ISO100」「下图 焦距：200mm | 光圈：F2.8 | 快门速度：1/400s | 感光度：ISO400」

如果只是查看缩略图，两张照片之间几乎没有什么区别，但放大后查看照片的细节可以发现，当快门速度高于安全快门时，即使在相同的弱光条件下手持拍摄，也可将花卉拍得很清晰。

4.4 认识曝光三要素之感光度

4.4.1 感光度的概念

数码单反相机的感光度概念是从传统胶片感光度引入的，**是指用一个具体的感光度数值来表示感光元件对光线的敏感程度**，即在其他条件相同的情况下，感光度数值越高，单位时间内，相机的感光元件感光越充分。

但要注意的是，感光度越高，产生的噪点就越多；低感光度画面则清晰、细腻，细节表现较好。

▲焦距：35mm ｜光圈：F2.8 ｜快门速度：1/15s ｜感光度：ISO4000

▲焦距：35mm ｜光圈：F2.8 ｜快门速度：1/15s ｜感光度：ISO3200

▲焦距：35mm ｜光圈：F2.8 ｜快门速度：1/15s ｜感光度：ISO2500

▲焦距：35mm ｜光圈：F2.8 ｜快门速度：1/15s ｜感光度：ISO2000

▲焦距：35mm ｜光圈：F2.8 ｜快门速度：1/15s ｜感光度：ISO1600

▲焦距：35mm ｜光圈：F2.8 ｜快门速度：1/15s ｜感光度：ISO1250

▲焦距：35mm ｜光圈：F2.8 ｜快门速度：1/15s ｜感光度：ISO1000

▲焦距：35mm ｜光圈：F2.8 ｜快门速度：1/15s ｜感光度：ISO800

▲焦距：35mm ｜光圈：F2.8 ｜快门速度：1/15s ｜感光度：ISO640

上面展示的一组照片，是其他曝光因素不变的情况下，增大ISO数值的拍摄效果，可以看出由于感光元件的敏感度提高，相同曝光时间内，使用高ISO拍摄时，曝光更加充分，因此画面显得更明亮。

4.4.2　高低感光度的优缺点分析

高低不同的ISO感光度有各自的优点和缺点。在实际拍摄中会发现，没有哪个级别的感光度是可以适合每一种拍摄状况的。所以，如果一开始便知道在什么情况下应该使用哪个级别的ISO（低、中、高），就能尽最大限度地发挥相机性能，拍出好照片。

低ISO（ISO50~200）

优点及适用题材：使用低感光度可以获得质量很高的影像，照片的噪点很少。因此，如果追求高质量影像，应该使用低感光度。使用低感光度会延长曝光时间，即降低快门速度。在拍摄需要有动感模糊效果的丝滑的水流、流动的云彩时，通常要用低感光度降低快门速度，获得较好的动感效果。

缺点及不适用题材：在拍摄弱光环境下手持相机进行拍摄时，如果使用低感光度会造成画面模糊。因为，在此情况下曝光时间必然会被延长，而在这段曝光时间内，除非摄影师具有超常平衡能力，否则，就会因为其手部或身体的轻微抖动，导致拍摄瞬间相机脱焦，换言之，拍摄出来的照片焦点必然是模糊的。

▲ 在拍摄日落景象时为了得到精细的画质设置较低的感光度，画面中可看出天空丰富的色彩和细腻的层次，将夕阳余晖的大气表现得很好。「焦距：14mm | 光圈：F22 | 快门速度：3s | 感光度：ISO100」

高ISO（ISO500以上）

优点及适用题材：高感光度适用于在弱光下手持相机拍摄，与前面讲述过的情况相反，由于高感光度缩短了曝光时间，因此，降低了由于摄影师抖动导致照片模糊的可能性。另外，也适用于需要较高快门速度，来定格快速移动主体的题材，例如飞鸟、运动员等。此外，可以使用高ISO为照片增加噪点的特性，来增添照片的胶片感、厚重感，或被拍摄对象的粗糙感。

缺点及不适用题材：ISO越高，噪点越多，影像的清晰度越差，影像之间的过渡越不自然，因此不适用于拍摄高调风格照片及追求高画质的题材，如雪景、云雾、人像。

4.5 理解曝光要素间的关系——倒易律

“倒易律”是指一旦确定正确曝光需要的曝光值，快门速度和光圈中的任一个参数发生了改变，都可以很快地根据倒易关系确定另一个参数的数值。

简单地说，就是可以用慢速快门加小光圈或者高速快门加大光圈得到相同的曝光量。**但是要注意的是，采用这两种曝光组合拍出照片的效果是不一样的。**

假设对某个场景合适的曝光组合是 1/15s 和 F11，根据倒易律，摄影师可以将快门速度减慢到 1/8s（降低一挡，曝光时间加倍），并且把光圈缩小到 F16（同样降低一挡，进光量减半），采用 1/15s 和 F11 与 1/8s 和 F16 拍摄的曝光量是完全相同的。

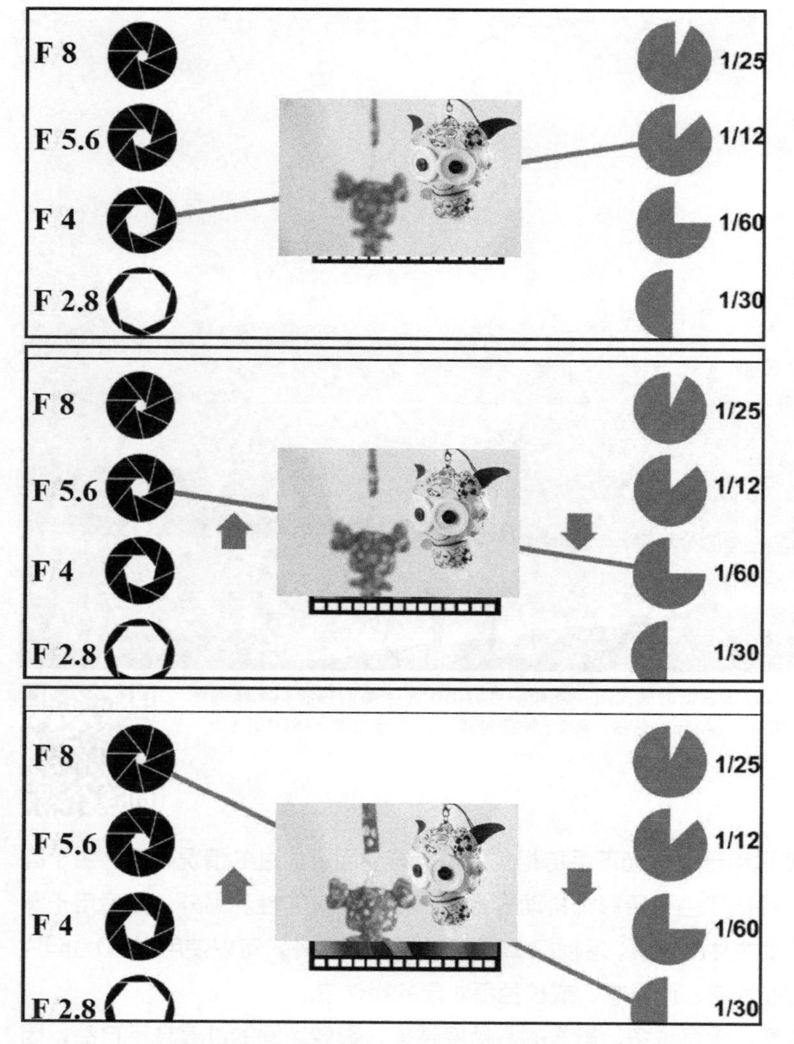

▲ 从这三幅图中可以看出，要正确曝光中间位置的图像，当光圈从 F4 变为 F8 时，快门速度也相应要从 1/125s 变为 1/30s。

同样还可以使用 1/4s 和 F22、1/30s 和 F8、1/2s 和 F32、1/60s 和 F5.6 这几组不同的曝光组合，所有这些曝光组合都可以让相同总量的光线照射到感光元件上。

了解这些后即可选择所需要的光圈或快门速度，并且进行符合倒易关系的调整。由于在数码单反相机中，快门速度与光圈都是按挡位改变的，因此在改变光圈或快门速度设置时，只要记录下一个参数所改变的挡数，另一个参数只要改变相同的挡数即可。

改变时需要注意的是，在光圈与快门速度曝光组合中，若一个参数增大，则另一个参数必须减小。

例如，假设 1/250s 和 F4 是正确的曝光组合，那么增加 4 挡快门速度到 1/15s，同时只要缩小 4 挡光圈到 F16，这样就可以得到相同的曝光量。

4.6　拍摄模式

4.6.1　程序自动（P）模式

在此模式下，相机基于一套算法来确定光圈与快门速度组合的数值。通常，相机会自动选择一种适合手持相机拍摄并且不受相机抖动影响的快门速度，同时还会调整光圈，以得到比较合适的景深，确保所有景物都清晰对焦。

如果使用的是 EF 镜头，相机会自动获知镜头的焦距和光圈范围，并据此信息确定最优曝光组合。在此模式下，摄影师仍然可以设置 ISO 感光度、白平衡、曝光补偿等参数。此模式最大的优点是操作简单、快捷，适合于拍摄快照或拍摄那些不用十分注重曝光控制的场景，例如新闻、纪实、偷拍、自拍等。

相机自动选择的曝光组合未必是最佳组合，例如，摄影师可能认为按此快门速度手持拍摄不够稳定，或者希望用更大的光圈。此时，可以利用程序偏移功能来调整。

在程序自动模式下，半按快门按钮，然后转动主拨盘直到显示所需的快门速度或光圈值，虽然光圈与快门速度的数值发生了变化，但这些数值组合在一起，仍然能够保持同样的曝光量，因此如果不考虑其他因素，使用这些不同曝光组合拍摄出来的照片具有相同的曝光效果。

在操作时，如果向右旋转主拨盘可以获得模糊背景细节的大光圈（低 F 值）或"锁定"动作的高速快门曝光组合；如果向左旋转主拨盘可获得增加景深的小光圈（高 F 值）或模糊动作的低速快门曝光组合。

设置方法

▲ **佳能相机的 P 模式设置方法**：将模式转盘设为程序自动曝光模式，直接转动主拨盘，可选择快门速度和光圈的不同组合

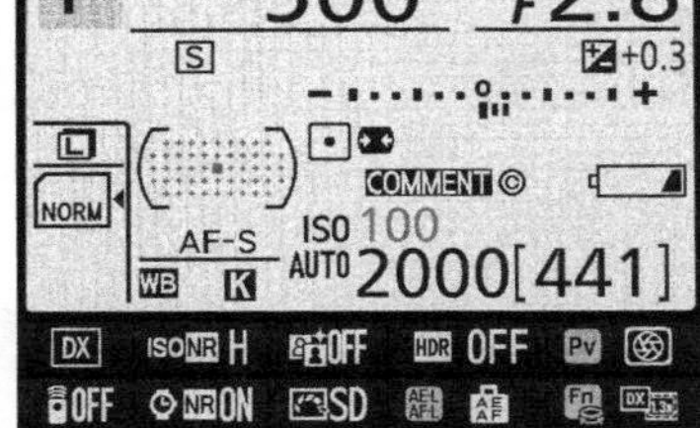

▲ **尼康相机的 P 模式设置方法**：在 P 挡程序自动曝光模式下，曝光测光开启时，通过旋转主指令拨盘可选择快门速度和光圈的不同组合

◀ 使用程序自动模式可方便地进行抓拍。「焦距：200mm ｜光圈：F3.5 ｜快门速度：1/500s ｜感光度：ISO100」

4.6.2 光圈优先（Av/A）模式

光圈优先模式是为优先实现光圈效果而设计的曝光模式，又称为 Av/A 挡曝光模式，在此模式下，由摄影师选择光圈，而相机会自动选择能产生最佳曝光效果的快门速度。

光圈的大小，直接影响景深的大小，一般来说在相同的拍摄距离下，光圈与景深成反比，光圈越大，景深越小，纳入的环境因素越少，背景的虚化效果明显，主体突出；反之，光圈越小，景深越大，背景的清晰度越高，纳入的环境因素也越多。

此模式非常适合拍摄人像、静物、风景等对景深要求较高的被摄对象。

▲ 在光圈优先模式下，通过设置大光圈值使背景得到虚化，从而凸显人物主体。「焦距：85mm ｜光圈：F2.2 ｜快门速度：1/800s ｜感光度：ISO200」

▲ 在光圈优先模式下，为保证画面有足够大的景深，而使用小光圈拍摄的风光效果。「焦距：16mm ｜光圈：F7.1 ｜快门速度：1/2s ｜感光度：ISO100」

设置方法

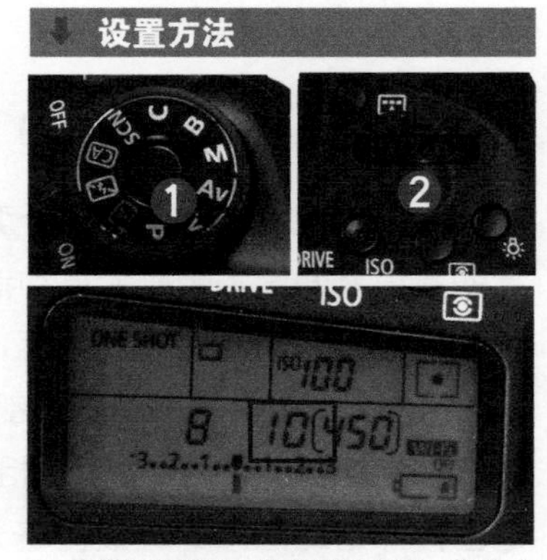

▲ **佳能相机的 Av 模式设置方法：** 将模式转盘设为光圈优先模式，可以转动主拨盘调节光圈数值

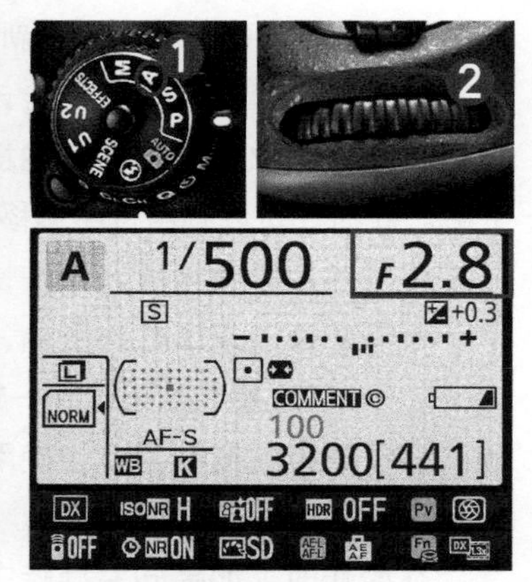

▲ **尼康相机的 A 模式设置方法：** 在 A 挡光圈优先曝光模式下，可通过旋转副指令拨盘调整光圈值

4.6.3　快门优先（Tv/S）模式

快门优先模式是为优先实现快门效果而设计的曝光模式，又称为S/Tv挡曝光模式，在此模式下，用户可以转动主拨盘在1/8000s至30s之间选择所需快门速度，然后相机会自动计算光圈的大小，以获得正确的曝光组合。较高的快门速度可以凝固动作或者移动的主体；较慢的快门速度可以形成模糊效果，从而产生动感效果。

在需要优先考虑快门速度的情况下，应该使用此曝光模式，从而先设置快门速度，让相机根据此给定的快门速度自动估算如果要得到正确曝光所需要的光圈数值。

在拍摄需要优先考虑快门速度的题材，如体育赛场、赛车、飞翔的鸟、跑动的儿童、滴落的水滴时应该使用此曝光模式。

▲ 通过长时间曝光将江面虚化成迷雾一般，从而获得很梦幻的画面效果。「焦距：20mm｜光圈：F9｜快门速度：6s｜感光度：ISO50」

▲ 快门优先模式适合抓拍鸟儿挥舞翅膀的生动画面。「焦距：200mm｜光圈：F5｜快门速度：1/2500s｜感光度：ISO800」

设置方法

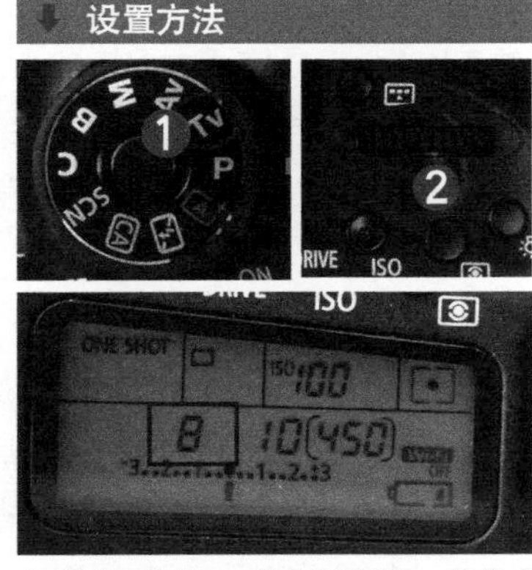

▲ **佳能相机的 Tv 模式设置方法：**将模式转盘设为快门优先曝光模式，直接调节主拨盘，可调整快门速度数值

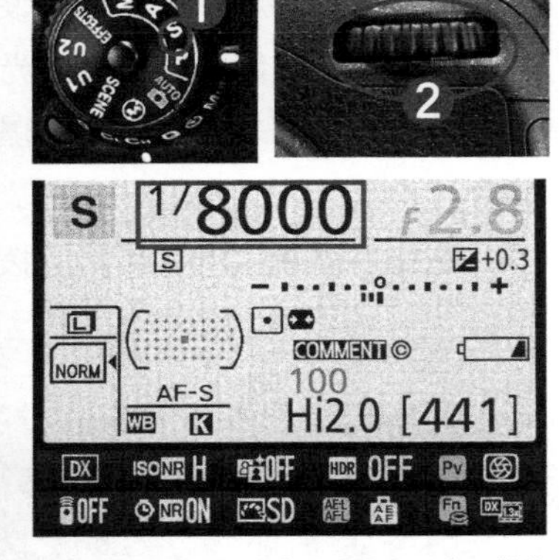

▲ **尼康相机的 S 模式设置方法：**在 S 挡快门优先曝光模式下，可通过旋转主指令拨盘调整快门速度值

4.6.4 全手动（M）模式

在全手动模式下，所有拍摄参数都由摄影师手动进行设置，使用M挡全手动模式有以下优点。

首先，使用M挡全手动模式拍摄时，当摄影师设置好恰当的光圈、快门速度数值后，即使移动镜头进行再次构图，光圈与快门速度数值也不会发生变化。

其次，在其他曝光模式下拍摄时，往往需要根据场景的亮度，在测光后进行曝光补偿的操作；而在M挡全手动模式下，由于光圈与快门速度值都是摄影师来设定的，因此设定的同时就可以将曝光补偿考虑在内，从而省略了曝光补偿的设置操作过程。因此，在全手动模式下，摄影师可以按自己的想法让影像曝光不足，以使照片显得较暗，给人忧伤的感觉；或者让影像稍微过曝，拍摄出明快的高调照片。

另外，当在摄影棚拍摄并使用了频闪灯或外置的非专用闪光灯时，由于无法使用相机的测光系统，而需要使用闪光灯测光表或通过手动计算来确定正确的曝光值，此时就需要手动设置光圈和快门速度，从而实现正确的曝光。

在全手动模式下，转动主拨盘可以调节快门速度值，按下光圈/曝光补偿按钮Av☒转动主拨盘可以调节光圈值。

设置方法

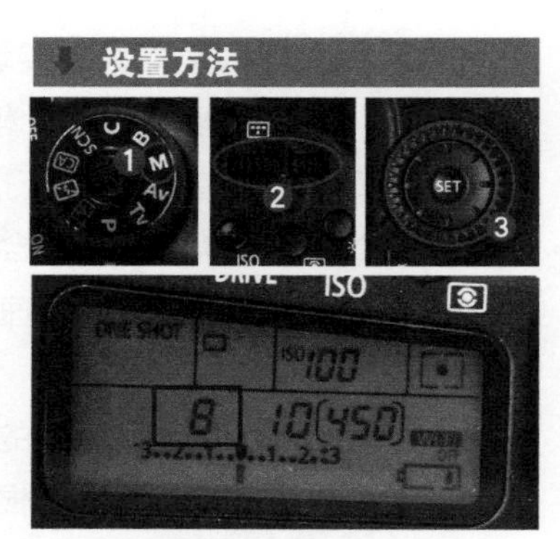

▲ **佳能相机的M挡设置方法**：将模式转盘设为手动曝光模式，直接调节主拨盘，可调整快门速度数值；转动速控转盘调节光圈数值

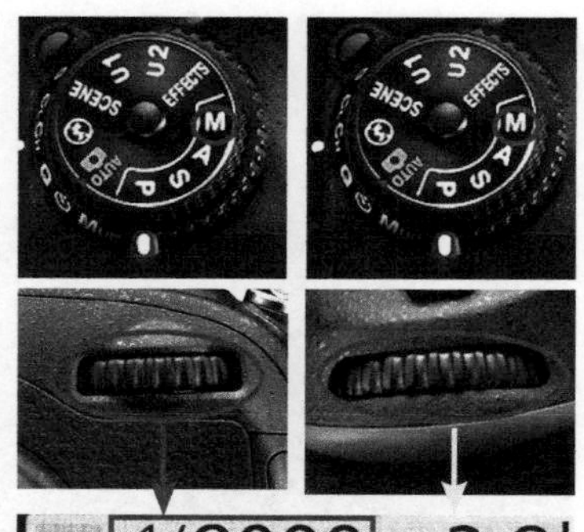

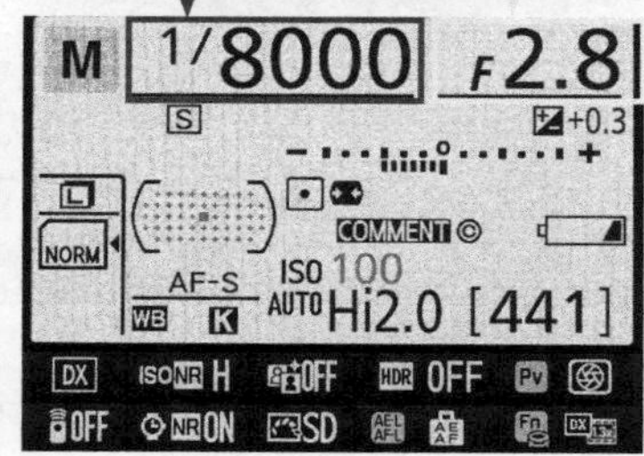

▲ **尼康相机的M挡设置方法**：在M挡手动曝光模式下，旋转主指令拨盘可调整快门速度值；旋转副指令拨盘可调整光圈值

高手点拨

在改变光圈或快门速度时，曝光量标志会左右移动，当曝光量标志位于标准曝光量标志的位置时，能获得相对准确的曝光。

◀ 影楼中的人像摄影较常使用全手动模式，根据拍摄光线的不同，调整光圈、快门速度及感光度等参数。「焦距：35mm | 光圈：F7.1 | 快门速度：1/400s | 感光度：ISO200」

4.6.5　B 门模式

由于夜间的光线非常微弱，通常都要使用较慢的快门速度，这样即使在弱光环境下也能实现充分曝光。数码单反相机的最低快门速度是 30s，只要把拍摄模式设为 S 挡（Tv 挡）光圈优先或 M 挡全手动模式，就可以自由地设置快门速度。在通常情况下，30s 的慢速快门可以满足夜景摄影。

使用佳能低端入门相机设置 B 门模式时，需在快门速度降到 30s 后，继续向左旋转指令拨盘切换至 B 门，此时屏幕中显示为 bulb。使用佳能中高端相机设置 B 门模式时，直接旋转拨盘，即可选择 B 门曝光模式。设置为 B 门后，持续地完全按下快门按钮时快门保持打开，松开快门按钮时快门关闭。

而尼康相机设置 B 门模式都一样，只需在 M 挡模式下将快门速度降至最低即可。

在拍摄时，一定要使用三脚架来保持相机的稳定。而使用 B 门拍摄时，需使用快门线来按动快门，因为在按住快门或释放的时候，轻微的抖动都会造成成像模糊。

设置方法

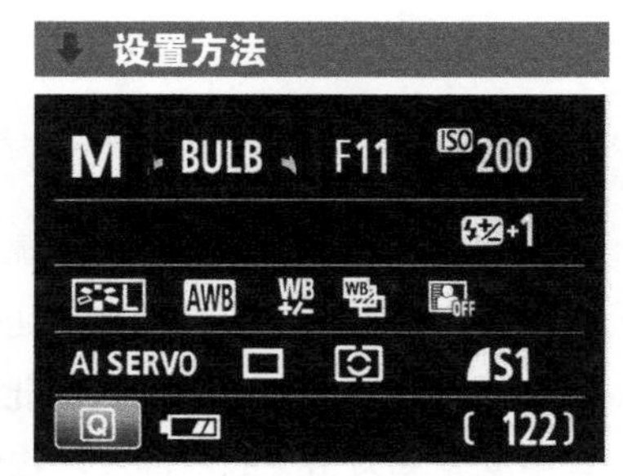

Canon EOS 700D 的 B 门模式设置方法：在 M 挡全手动曝光模式下，向左旋转主拨盘将快门速度设定为 BULB，即可切换至 B 门模式

Canon EOS 70D 的 B 门模式设置方法：将模式拨盘转至 B 即可

Nikon D7100 的 B 门模式设置方法：在 M 挡手动曝光模式下，通过旋转主指令拨盘将快门速度降至最低，即可切换至 B 门曝光模式

利用 B 门模式长时间曝光拍摄晴朗的天空，能够得到漂亮的星轨效果，如此壮观的景象只有在 B 门模式下才能拍摄到。「焦距：20mm ｜光圈：F11 ｜快门速度：2453s ｜感光度：ISO800」

4.7 用好曝光补偿

4.7.1 理解18%中性灰测光原理

数码单反相机的测光是依靠场景物体的平均反光率来确定的，除了反光率比较高的场景如雪景、云景，及反光率比较低的场景如煤矿、夜景，其他大部分场景的平均反光率在 18% 左右，而这一数值正是中性灰色的反光率，**因此可以简单地将测光理解为，当采用的曝光数值能够正确曝光拍摄场景中反光率为 18% 的中性灰色物体时，测光就是正确的。**

因此，可以从一定程度上说，数码单反相机是以 18% 的中性灰的反光率来确定所拍摄的场景的曝光组合的。如果拍摄场景的反光率平均值恰好是 18%，则可以得到光影丰富、明暗正确的照片，反之则需要人为地调整曝光补偿来补偿相机的测光失误。

这种情况通常在拍摄较暗的场景（如日落场景）及较亮的场景（如雪景）时发生。如果要验证这一点，可以采取下面所讲述的简单方法。

对着一张白纸测光，然后按相机自动测光所给出的光圈快门组合直接拍摄，则得到的照片中白纸看上去更像是灰纸，这是由于照片欠曝造成的。因此，拍摄反光率大于 18% 的场景，如雪景、雾景、云景或有较大白色物体的场景时，需要增加 EV 曝光补偿值。

而对着一张黑纸测光，然后按相机自动测光所给出的光圈快门组合直接拍摄，则得到的照片中黑纸好像是一张灰纸，这是由于照片过曝造成的。因此，如果拍摄的场景的反光率低于18%，则需要减少曝光，即做负向曝光补偿。

了解 18% 中性灰的测光原理有助于摄影师在拍摄时更灵活地测光，通常水泥墙壁、灰色的水泥地面、人的手背等物体的反光率都接近 18%，因此在拍摄光线复杂的场景时，可以在环境中寻找反光率在 18% 左右的物体进行测光，这样拍摄出来的照片基本上曝光就是正确的。

▲未使用曝光补偿

➤增加曝光补偿

➤拍摄少女的照片时，为了使其面部更白皙，可通过增加曝光补偿来提亮被摄者的面部，以达到美化人物的效果。「焦距：135mm｜光圈：F3.2｜快门速度：1/400s｜感光度：ISO200」

4.7.2 认识曝光补偿

由于数码单反相机是利用一套程序来对当前拍摄的场景进行测光的，在拍摄一些极端环境，如较亮的白雪场景或较暗的弱光环境时，往往会出现偏差。在拍摄一些极端环境，如较亮的白雪场景或较暗的弱光环境时，相机的测光结果就是错误的，此时就需要摄影师通过调整曝光补偿来得到正确的拍摄结果，如下图所示。

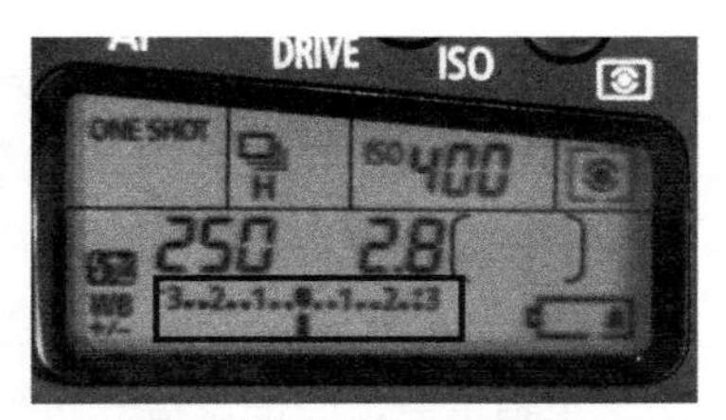

▲ **佳能相机曝光补偿设置**：将模式转盘设为 P、Tv、Av，然后转动速控拨盘即可调节曝光补偿

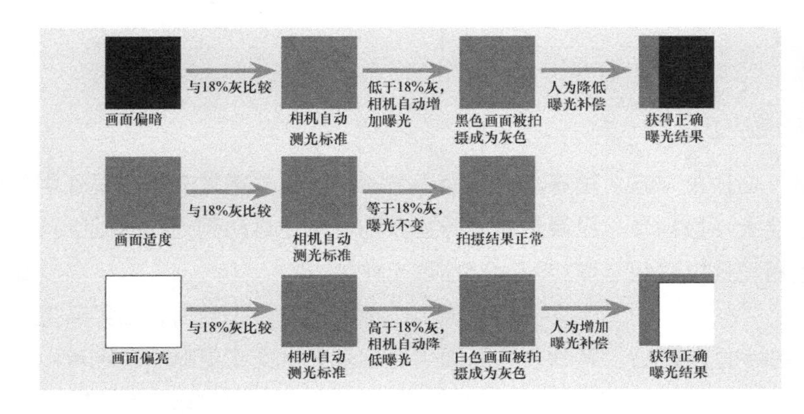

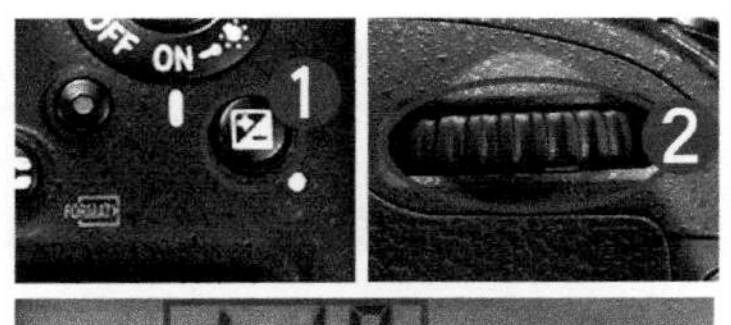

▲ **尼康相机曝光补偿设置**：按下按钮，然后转动主指令拨盘即可在控制面板上调整曝光补偿数值

通过调整曝光补偿数值，可以改变照片的曝光效果，从而使拍摄出来的照片传达出摄影师的表现意图。例如，通过增加曝光补偿，使照片轻微曝光过度以得到柔和的色彩与浅淡的阴影，使照片有轻快、明亮的效果；或者通过减少曝光补偿，使照片变得阴暗。

曝光补偿通常用类似“+1EV”的方式来表示。“EV”是指曝光值，“+1EV”是指在自动曝光基础上增加 1 挡曝光；“-1EV”是指在自动曝光基础上减少 1 挡曝光，依次类推。

大部分单反相机的曝光补偿范围在—5.0EV~+5.0EV之间，并可以以1/3 级为单位进行调节。

◀ 从这组画面中可看出随着曝光补偿的增加，画面越来越亮。

4.7.3 曝光补偿的设置原则

曝光补偿有正向与负向之分，即增加与减少曝光补偿，最简单的方法就是依据**“白加黑减”**口诀来判断是做正向/负向曝光补偿。

“白加”中提到的“白”并不是指单纯的白色，而是泛指一切颜色看上去比较亮的、比较浅色的景物，如雪、雾、白云、浅色的墙体、亮黄色的衣服等；同理，“黑减”中提到的“黑”，也并不是单指黑色，而是泛指一切颜色看上去比较暗的、比较深色的景物，如夜景、深蓝色的衣服、阴暗的树林、黑胡桃色的木器等。

通常情况下，若遇到了“白色”的场景，就应该做正向曝光补偿；如果遇到的是“黑色”的场景，就应该做负向曝光补偿。

4.7.4 判断曝光补偿的数值

如前所述，根据“白加黑减”口诀来判断曝光补偿的方向并非难事，真正使大多数初学者比较迷惑的是，面对不同的拍摄场景应该如何选择曝光补偿量。

实际上，选择曝光补偿量的标准也很简单，就是要根据画面中的明暗比例来确定。

如果明暗比例为1:1，则无须进行曝光补偿，用评价测光就能够获得准确的曝光。

如果明暗比例为1:2，则应该做-0.3挡曝光补偿；如果明暗比例是2:1，则应该做+0.3挡曝光补偿。

如果明暗比例为1:3，则应该做-0.7挡曝光补偿；如果明暗比例是3:1，则应该做+0.7挡曝光补偿。

如果明暗比例为1:4，则应该做-1挡曝光补偿；如果明暗比例是4:1，则应该做+1挡曝光补偿。

总之，明暗比例相差越大，则曝光补偿的数值也应该越大。当然，由于佳能相机的曝光补偿范围为-5.0EV~+5.0EV，因此最高曝光补偿量不可能超过这个数值。

在确定曝光补偿量时，除了要考虑场景的明暗比例以外，还要将摄影师的表现意图考虑在内，其中比较典型的是人像摄影。例如，在拍摄漂亮的女模特时，如果希望其皮肤在画面中显得更白皙一些，则可以在自动测光的基础上再增加0.3~0.5挡曝光补偿。

在拍摄老人、棕色或黑色人种时，如果希望其肤色在画面中看起来更沧桑或更黝黑，则可以在自动测光的基础上做0.3~0.5挡负向曝光补偿。

▲ 明暗比例为 1:2 的场景

▲ 明暗比例为 2:1 的场景

4.8 曝光的判断依据

4.8.1 利用直方图判断曝光

很多摄影初学者都会陷入这样一个误区，液晶显示屏上的影像很棒，便以为真正的曝光效果也会不错，但事实并非如此。这是由于很多相机的显示屏还处于出厂时的默认状态，显示屏的对比度和亮度都比较高，令摄影者误以为拍摄到的影像很漂亮，感觉照片曝光正合适，但在电脑屏幕上观看时，却发现拍摄时感觉还不错的照片，暗部层次却丢失了，即使是使用后期处理软件挽回部分细节，效果也不是太好。

解决这一问题的方法就是查看照片的直方图，通过查看直方图所呈现的效果，可以帮助拍摄者判断曝光情况，并据此做出相应调整，以得到最佳曝光效果。

直方图是指一个具有二维坐标系的图表，其作用是量化曝光量，使摄影师能够真实、直观地看出照片的曝光情况，而不受液晶显示屏的显示效果与实际图像曝光量差异的影响。

直方图的横轴代表的是亮度，由左向右，从全黑逐渐过渡到全白；纵轴代表的则是处于这个亮度范围的像素的相对数量。直方图最左侧代表画面最暗的区域，最右侧代表画面最亮的区域，其整体的宽度表现图像传感器能捕捉到的色调范围。

超出左边线条的部分在画面中显示为纯黑，因为它超出了图像传感器的感知范围，所以在这片阴影区域不会记录任何信息，被称为**暗调溢出**。

超出右边线条的部分在画面中显示为纯白，同样是因为其超出了图像传感器的感知范围，在高光区域也不会记录任何信息，被称为**高光溢出**。

除了利用相机回放照片的功能观察直方图外，还可以使用最常用的图像处理软件Photoshop来观察照片的直方图，方法是打开照片后，直接按“Ctrl+L”组合键，打开“色阶”命令对话框。

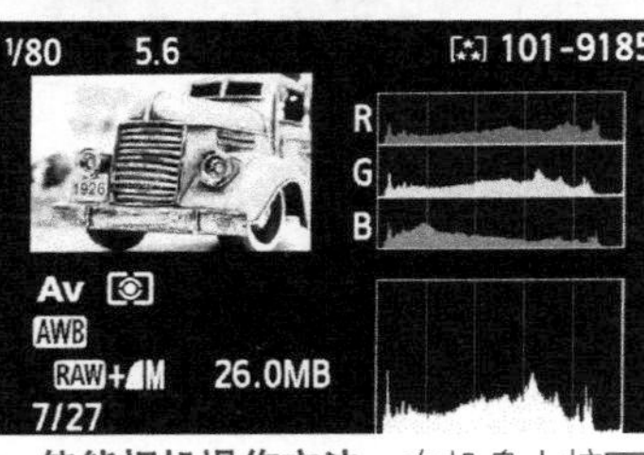

▲ **佳能相机操作方法**：在机身上按▶按钮播放照片，然后连续按下INFO.按钮切换至柱状图界面

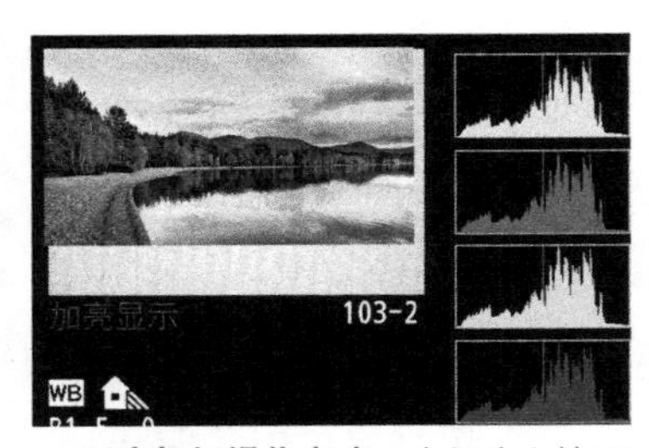

▲ **尼康相机操作方法**：在机身上按▶按钮播放照片，然后按▲或▼方向键切换至直方图界面

4.8.2 五种直方图

曝光不足时的柱状图

当曝光不足时，照片中会出现无细节的死黑区域，画面中丢失了过多的暗部细节，反映在柱状图上就是像素主要集中于横轴的左端（最暗处），并出现像素溢出现象，即暗部溢出，而右侧较亮区域少有像素分布，故该照片在后期无法补救。

▲ 柱状图中线条偏左且溢出，说明画面曝光不足。「焦距：70mm | 光圈：F6.3 | 快门速度：1/250s | 感光度：ISO100」

曝光正确时的柱状图

当曝光正确时，照片影调较为均匀，且高光、暗部或阴影处均无细节丢失，反映在柱状图上就是在整个横轴上从最黑的左端到最白的右端都有像素分布。

▲ 曝光正常的柱状图，画面明暗适中，色调分布均匀。「焦距：135mm | 光圈：F2.8 | 快门速度：1/400s | 感光度：ISO100」

曝光过度时的柱状图

当曝光过度时，照片中会出现死白的区域，画面中的很多细节都丢失了，反映在柱状图上就是像素主要集中于横轴的右端（最亮处），并出现像素溢出现象，即高光溢出，而左侧较暗的区域则无像素分布，故该照片在后期也无法补救。

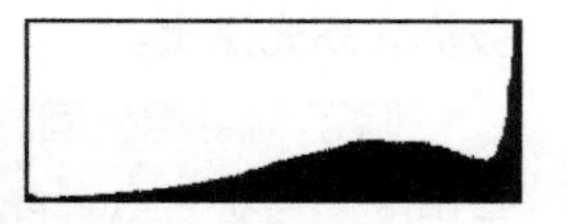

▲ 柱状图右侧溢出，说明画面中高光处曝光过度。「焦距：45mm | 光圈：F3.5 | 快门速度：1/250s | 感光度：ISO100」

低调照片的柱状图

由于低反差暗调照片中有大面积暗调，而高光面积较小，因此在其柱状图上可以看到像素基本集中在左侧，而右侧的像素则较少，如下图所示。

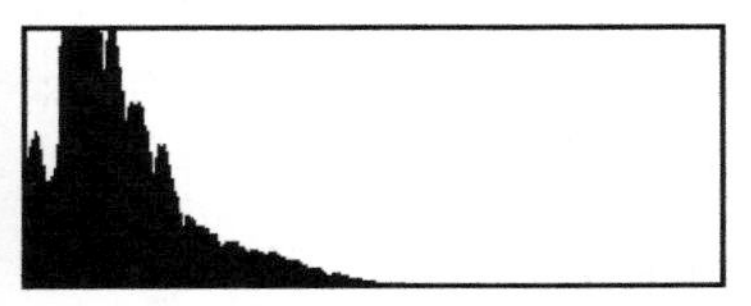

▲ 柱状图中线条偏左且溢出，此为低调照片柱状图的特点

高调照片的柱状图

高调照片有大面积浅色、亮色，反映在柱状图上就是像素基本上都出现在其右侧，左侧即使有像素其数量也比较少，如下图所示。

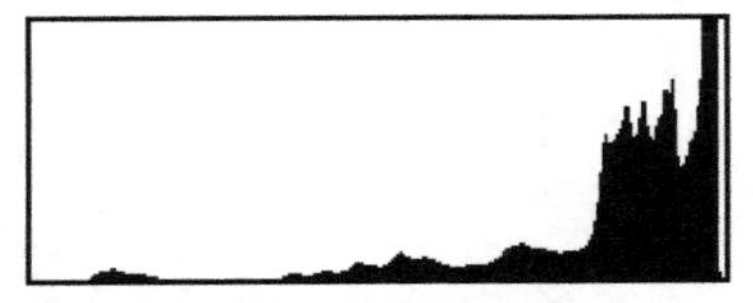

▲ 柱状图中线条偏右，左侧只有少量像素，此柱状图与曝光过度的柱状图类似

4.9 对焦模式

采用自动对焦模式时，相机的对焦系统能自动根据所获得的距离信息来驱动镜头调整焦距，实现准确对焦。自动对焦又可分为单次自动对焦、连续自动对焦和人工智能自动对焦。拍摄时，应该根据不同的拍摄场合来选择不同的自动对焦模式。

▲ **佳能相机的自动对焦设置方法**：将镜头上的对焦模式开关设置于 AF 挡，按下机身上的 AF 按钮，然后转动主拨盘或速控拨盘，可以在三种自动对焦模式间切换

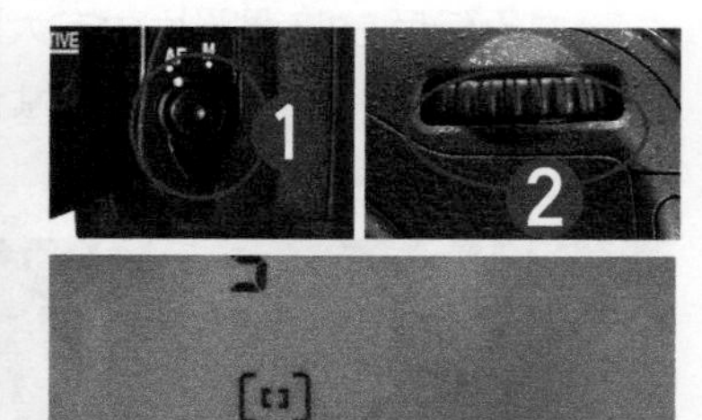

▲ **尼康相机的自动对焦设置方法**：按下 AF 模式按钮，然后转动主指令拨盘，可以在三种自动对焦模式间切换

4.9.1 单次对焦

单次对焦模式适合被摄物体处于静止状态时使用。单次对焦在合焦后就会停止自动对焦，这种对焦方式具有较高的准确性，是运用最广泛的自动对焦模式，如果拍摄的是移动幅度很小的人像也可以使用这种对焦模式。佳能相机称之为“单次自动对焦”，又表示为“ONE SHOT”；尼康相机称之为“单次伺服自动对焦”，又表示为“AF-S”。

▲使用单次自动对焦拍摄静止的景物时，不仅对焦速度快而且具有较高的准确性，能够使主体清晰地呈现出来。「左图焦距：27mm｜光圈：F20｜快门速度：10s｜感光度：ISO50」「右图焦距：60mm｜光圈：F5.6｜快门速度：1/250s｜感光度：ISO100」

4.9.2 连续对焦

这种对焦模式适用于无法确定被摄对象是静止或运动状态时的情况。此时相机会自动根据被摄对象是否运动来选择单次自动对焦（ONE SHOT）或是人工智能伺服自动对焦模式（AI SERVO），非常适合拍摄昆虫、鸟、儿童等。佳能相机称之为“人工智能伺服自动对焦”，又表示为“AI SERVO”；尼康相机称之为“连续伺服自动对焦”，表示为“AF-C”。

例如，在动物摄影中，如果所拍摄的动物暂时处于静止状态，但有突然运动的可能性，此时应该使用该对焦模式，以保证能够将拍摄对象清晰地捕捉下来。在人像摄影中，如果模特不是处于摆拍的状态，随时有可能从静止变为运动状态，也可以使用这种对焦模式。

▲ 使用连拍模式配合“连续伺服自动对焦”的方法，拍摄到水鸟展翅离开水面的精彩瞬间。「焦距：300mm ｜光圈：F8 ｜快门速度：1/1600s ｜感光度：ISO200」

4.9.3 自动对焦

如果选择此对焦模式，在半按快门合焦后，保持半按状态，相机会在对焦点中自动切换以保持对运动拍摄对象的准确合焦状态。如果在过程中发生集中变化，相机会自动做出调整。

这样的对焦模式非常适合拍摄体育赛事、奔跑中的动物、飞鸟等题材。

佳能相机称之为“人工智能自动对焦”，又表示为“AI FOCUS”；尼康相机称之为“自动伺服自动对焦”，又表示为“AF-A”。

▲ 蜻蜓的运动速度很快，而且在花朵上停留的时间很短，所以使用“自动伺服自动对焦”模式拍摄，蜻蜓得到了清晰的表现，画面给人一种非常清新的感觉。「焦距：200mm ｜光圈：F3.5 ｜快门速度：1/800s ｜感光度：ISO400」

4.9.4 手动对焦

当自动对焦无法满足需要时（比如画面主体处于杂乱的环境中；画面属于高对比，以及低反差的画面；或在夜晚进行拍摄的情况下），可以使用手动对焦功能。但根据个人的拍摄经验不同，成功率也有极大的差别。

在使用时，首先需要在镜头上将对焦方式从默认的AF自动对焦切换至MF手动对焦，然后拧动对焦环，直至在取景器中观察到的影像非常清晰为止，然后即可按下快门进行拍摄了。这种对焦方式在微距摄影中也是十分常用的。

设置方法

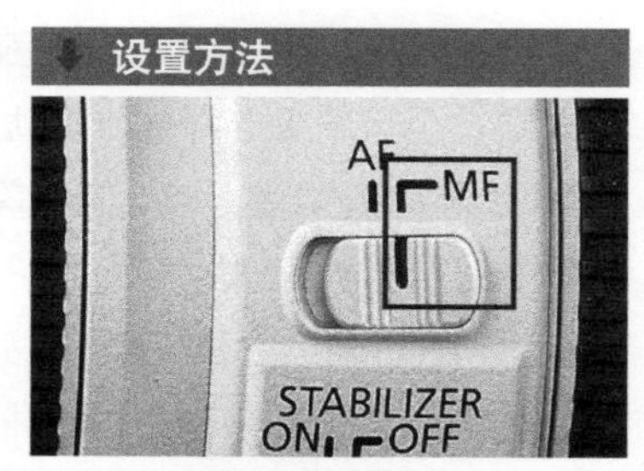

佳能相机的手动对焦设置方法：将镜头上的对焦模式切换器设为MF，即可切换至手动对焦模式

尼康相机的手动对焦设置方法：在机身上将AF按钮扳动至M位置上，即可切换至手动对焦模式

拍摄微距时，由于被摄体清晰的区域非常小，所以使用手动对焦的方式保持画面中固定位置的清晰。画面中的水滴焦点清晰，给人一种近在眼前的感觉 。「焦距：50mm ｜光圈：F3.5 ｜快门速度：1/800s ｜感光度：ISO200」

4.9.5 手动对焦的操作要领

变焦镜头的前端都有两个能旋转的环，如右图所示。平常用的是变焦环，可调整焦距，以改变主体在画面中所占的面积大小。另一个环则是手动对焦时用的对焦环，转动对焦环可使需要表现的主体变得清晰，以完成合焦。

镜头上通常有ft和m标记，并且标有一些数值。ft表示以英尺为单位，m表示以米为单位，这里的数值表示当前的对焦位置与相机焦平面之间的距离。通过这些数值可以看出，将对焦环顺时针转动，对焦位置离相机越来越远，转动到底部达到无穷远∞；将对焦环逆时针转动，对焦位置离相机越来越近，转动到底部达到镜头的最近对焦距离。

因此，在手动对焦时，先目测被摄主体与相机之间的距离，通过对焦环上标明的数值快速转动到大致位置，然后再通过取景器观察被摄主体，并调整对焦环，直到被摄主体完全清晰，完成手动对焦。

4.10 测光模式

4.10.1 评价 / 矩阵测光

这种测光模式是最常用的测光模式，在全自动模式和所有的场景模式下，相机都默认采用这种测光模式。在该模式下，相机将测量取景画面全部景物的平均亮度值，并以此作为曝光量的依据。在主体和背景光线反差不大时，使用这种测光模式一般可以获得准确曝光，在拍摄日常及风光题材的照片时经常使用。

佳能相机称之为“评价测光”，尼康相机称之为“矩阵测光”。

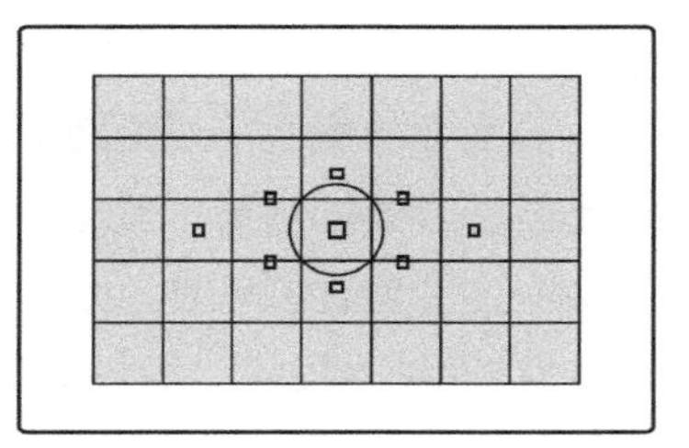

▲ 评价测光模式示意图

▲ 拍摄此类光照均匀的风光照片，使用矩阵测光 / 评价测光可以获得准确的曝光。「焦距：27mm ｜光圈：F5.6 ｜快门速度：1/1250s ｜感光度：ISO500」

4.10.2 中央重点平均[ ] / 中央重点测光[⊙]

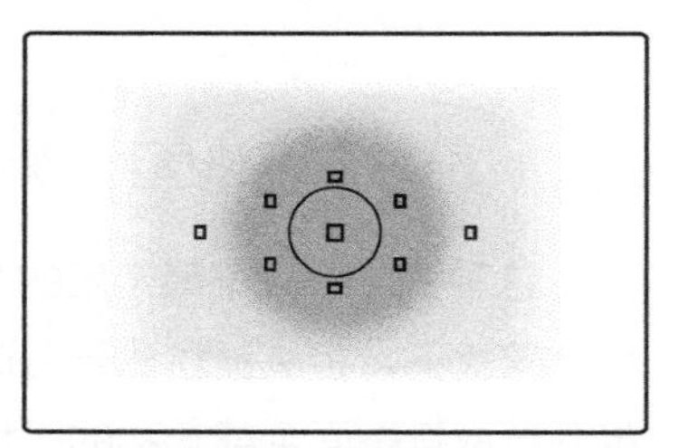

▲ 中央重点平均测光模式示意图

这种测光模式适合于在明暗反差较大的环境下进行测光，或者拍摄时要重点考虑画面中间位置被拍摄对象的曝光情况时使用，此时相机以画面的中央区域（约占整个画面的70%）作为最重要的测光参考，同时兼顾其他区域的测光数据。

这种测光模式能对画面中央区域的对象进行精准曝光，又能保留部分背景的细节，因此这种测光模式适合于拍摄主体位于画面中央主要位置的场景，在人像摄影、微距摄影等题材中经常使用。佳能相机称之为“中央重点平均测光”，尼康相机称之为“中央重点测光”。

▲ 拍摄人物居中的人像时，使用中央重点测光 / 中央重点平均测光模式进行测光，可以获得准确的曝光。

4.10.3 局部测光[◎]

局部测光模式是佳能单反相机独有的测光模式，在该测光模式下，相机将只测量取景器中央大约6.2~10%的范围。在逆光或局部光照下，如果画面背景与主体明暗反差较大（光比较大），使用这一测光模式拍摄将能够获得准确的曝光。

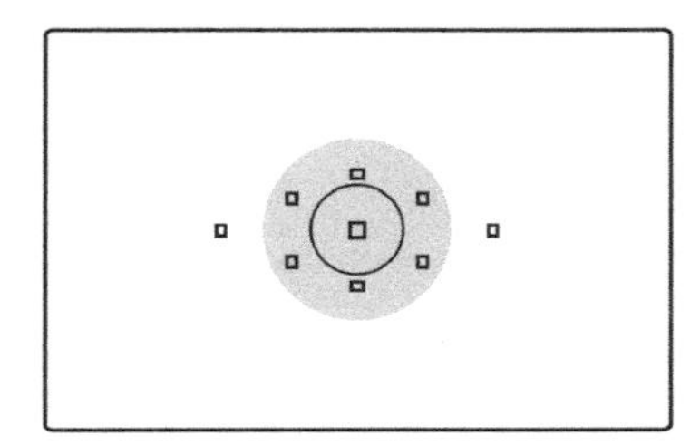

局部测光模式示意图

从测光数据来看，局部测光可以认为是中央重点平均测光与点测光之间的一种测光形式，测光面积也在两者之间。

以逆光拍摄人像为例，如果使用点测光对准人物面部的明亮处测光，则拍出照片中人物面部的较暗处就会明显欠曝；反之使用点测光对准人物面部的暗处测光，则拍出照片中人物面部的较亮处就会明显过曝。

如果使用中央重点平均测光模式进行测光，由于其测光的面积较大，而背景又比较亮，因此拍出照片中人物的面部就会明显欠曝。而使用局部测光对准人像面部任意一处测光，就能够得到很好的曝光效果。

因画面中光线反差较大，因而使用了局部测光模式对荷花进行测光，得到了荷花曝光正常的画面。

4.10.4 点测光[•] / [•]

当画面背景和主体明暗反差特别大时，比较适合使用点测光模式，例如拍摄日出日落的画面时就经常使用点测光模式进行测光。

使用点测光模式时，佳能单反相机只会对画面中央区域进行测光，而该区域只占整个画面的1.3%至4%（不同型号相机的百分比不同）；尼康单反相机则集中在以所选对焦点为中心的3.5mm直径圈中（大约是整个画面的2.5%）进行测光，因此具有相当高的精准性。

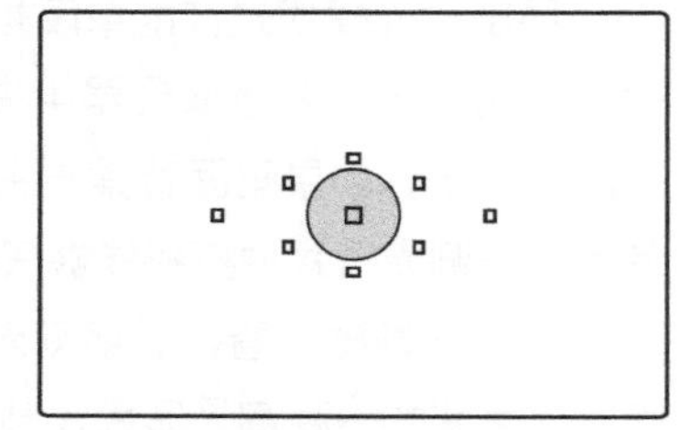

▲ 点测光模式示意图

注意，如果选择的测光位置稍有不准确，就会出现曝光失误。此外，由于它只是对中央部分（或以所选对焦点为中心）较小的区域进行测光，所以，拍摄出来的画面中暗的地方可能更暗，亮的地方可能更亮，也正因如此，在实战拍摄时，此测光模式通常被用于拍摄剪影画面。

▲ 使用点测光模式针对天空进行测光，得到夕阳氛围强烈的照片。

4.11　了解色温

在摄影领域，色温用于说明光源的成分，单位用“K”表示。例如，日出日落时，光的颜色为橙红色，这时色温较低，大约为3200K；太阳升高后，光的颜色为白色，这时色温高，大约为5400K；阴天的色温还要高一些，大约为6000K。色温值越大，光源中所含的蓝色光越多；反之，色温值越小，光源中所含的红色光越多。

低色温的光趋于红、黄色调，其能量分布中红色调较多，因此又通常被称为“暖光”；高色温的光趋于蓝色调，其能量分布中蓝色调较集中，也被称为“冷光”。通常在日落之时，光线的色温较低，因此拍摄出来的画面偏暖，适合表现夕阳静谧、温馨的感觉。为了加强这样的画面效果，可以使用暖色滤镜，或是将白平衡设置成阴天模式。晴天、中午时分的光线色温较高，拍摄出来的画面偏冷，通常这时空气的能见度也较高，可很好地表现大景深的场景。另外，冷色调的画面还可以很好地表现出清冷的感觉，以开阔视野。

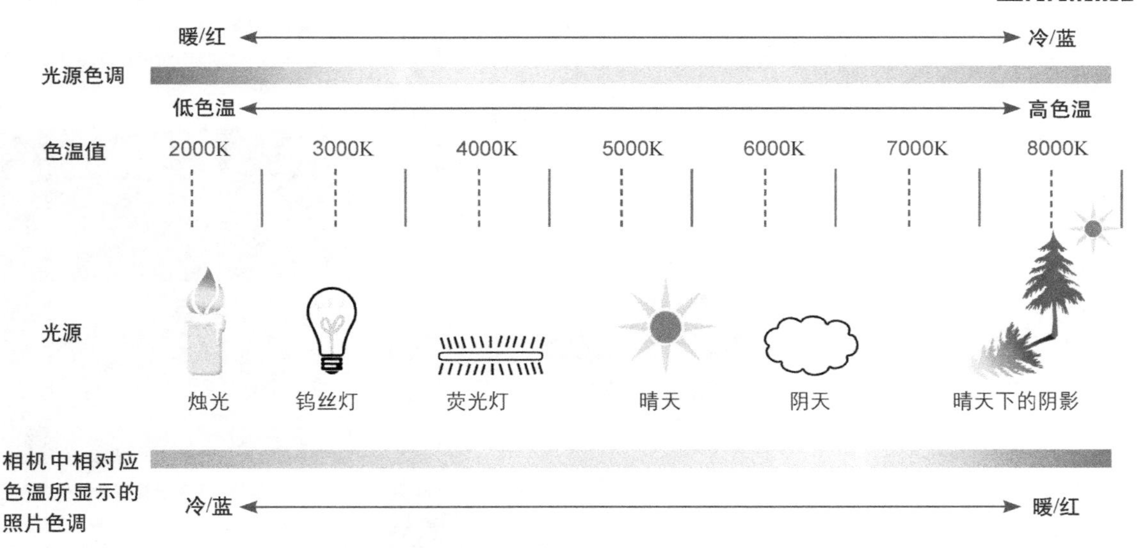

通过以上示例图可以看出，相机中的色温与实际光源的色温是相反的，这便是白平衡的工作原理，通过对应的补色来进行补偿。

了解色温并理解色温与光源之间的联系，使摄影爱好者可以通过在相机中改变预设白平衡模式、自定义设置色温K值来获得色调不同的照片。

通常，当自定义设置的色温值和光源色温一致时，能获得准确的色彩还原效果；如果设置的色温值高于拍摄时现场光源的色温时，则照片的颜色会向暖色偏移；如果设置的色温值低于拍摄时现场光源的色温时，则照片的颜色会向冷色偏移。

这种通过手动调节色温获得不同色彩倾向或使画面向某一种颜色偏移的手法，在摄影中经常使用。

4.12 白平衡设置完全解析

4.12.1 白平衡概念与设置方法

白平衡是由相机提供的，是确保在拍摄时拍摄对象的色彩不受光源色彩影响的一种设置。简单来说，通过设置白平衡，可以在不同的光照环境下，真实还原景物的颜色，纠正色彩的偏差。无论是在室外的阳光下，还是在室内的白炽灯下，人的固有观念仍会将白色的物体视为白色，将红色的物体视为红色。这是因为人的眼睛能够修正光源变化造成的色偏。

实际上，光源改变时，这些光的颜色也会发生变化，相机会精确地将这些变化记录在照片中，这样的照片在纠正之前看上去是偏色的，但其实这才是物体在当前环境下的真实色彩。利用相机配备的白平衡功能，可以纠正不同光源下的色偏，就像人眼的功能一样，使偏色的照片得以纠正。

▲ 在同一地点拍摄，虽然时间相近，但由于使用了不同的白平衡设置，最终得到两张效果完全不同的照片。「上图焦距：24mm ｜光圈：f/10 ｜快门速度：1/100s ｜感光度：ISO100」「下图焦距：40mm ｜光圈：f/9 ｜快门速度：1/5s ｜感光度：ISO100」

设置方法

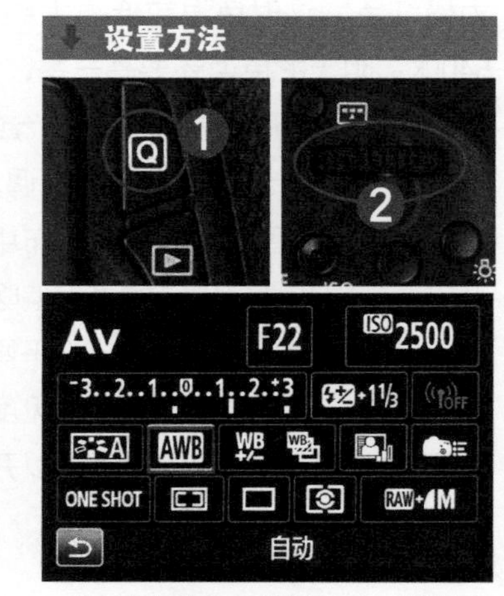

▲ **佳能相机的白平衡设置方法**：按Q键并使用▲▼、◀▶键选择功能，显示选择白平衡，转动主拨盘或速控转盘以选择不同的白平衡模式

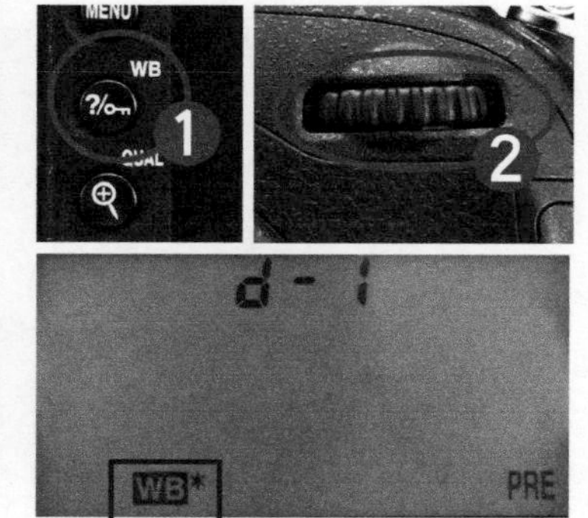

▲ **尼康相机的白平衡设置方法**：在机身上设置白平衡时，可按下?/o-（WB）按钮，然后转动主指令拨盘即可选择不同的白平衡模式

4.12.2 预设白平衡

无论是佳能相机还是尼康相机，都具有若干种预设白平衡，下面分别以图示的方式展示，选择不同预设白平衡对画面的影响。

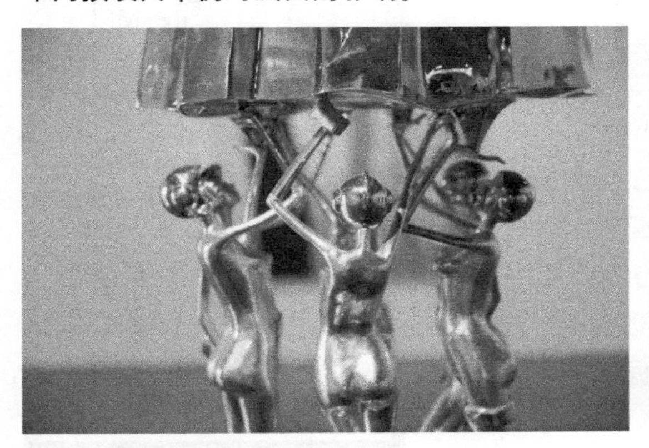

▲ 自动白平衡通常为数码相机的默认设置，相机中有一个结构复杂的矩形图，它决定了画面中的白平衡基准点，以此达到白平衡调校。这种自动白平衡的准确率非常高，一般情况下，选用自动白平衡均能获得较好的色彩还原效果。

▲ 处于直射阳光下时，将白平衡设置为日光模式（佳能）/晴天模式（尼康），能获得较好的色彩还原。此模式的白平衡比较强调色彩，颜色显得比较浓且饱和。

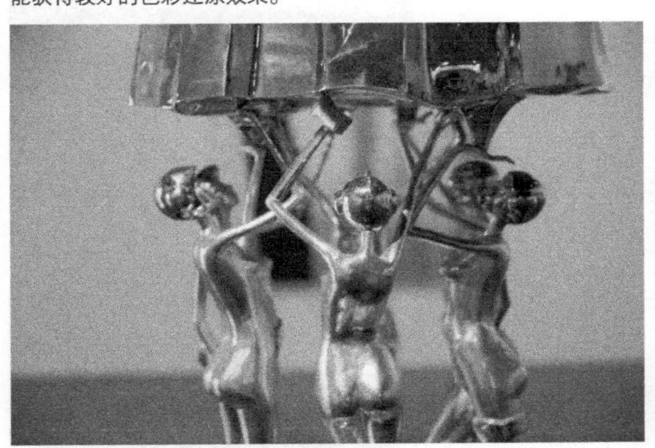

▲ 在相同的现有光源下，阴影（佳能）/背阴（尼康）白平衡可以营造出一种较浓郁的红色暖色调感觉，给人一种温暖的感觉。

▲ 闪光灯白平衡主要用于平衡使用闪光灯时的色温，其默认色温大约为 5400~6000K，较为接近阴天时的色温。

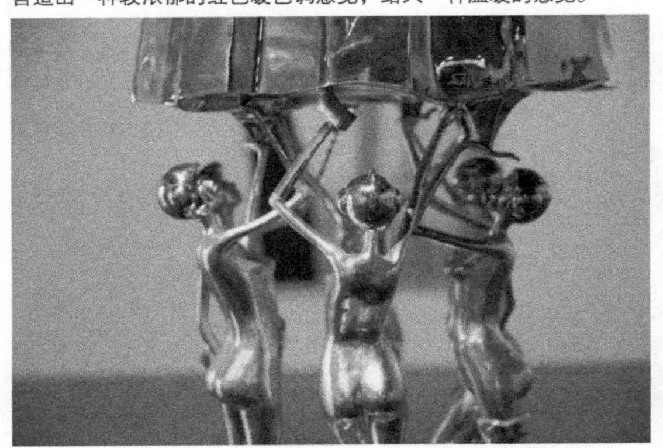

▲ 钨丝灯（佳能）/白炽灯（尼康）白平衡模式适合拍摄与其对等的色温条件下的场景，而拍摄其他场景会使画面色调偏蓝，严重影响色彩还原。

▲ 荧光灯白平衡模式会营造出偏蓝的冷色调，不同的是，荧光灯白平衡的色温比白炽灯白平衡的色温更接近现有光源色温，所以色彩相对接近原色彩。

4.12.3 自定义白平衡

如果希望根据拍摄现场的色温，精确地定义白平衡，可以使用自定义白平衡的方法。

佳能相机定义白平衡的操作方法基本相同，下面以Canon EOS 70D为例，讲解自定义白平衡的操作步骤。

❶ 在镜头上将对焦模式切换至MF（手动对焦）模式。

❷ 找到一个白色物体，然后半按快门对白色物体进行测光（此时无须顾虑是否对焦的问题），且要保证白色物体应充满取景器中的虚框，然后按下快门拍摄一张照片。

❸ 在“拍摄菜单3”中选择“自定义白平衡”选项。

❹ 此时将要求选择一幅图像作为自定义的依据，选择第❷步拍摄的照片并点击“确定”即可。

❺ 要使用自定义的白平衡，按下机身上的Q按钮，点击选择“白平衡”选项，并点击选择用户自定义白平衡。

设置方法

❶ 将镜头上的对焦模式切换为 MF

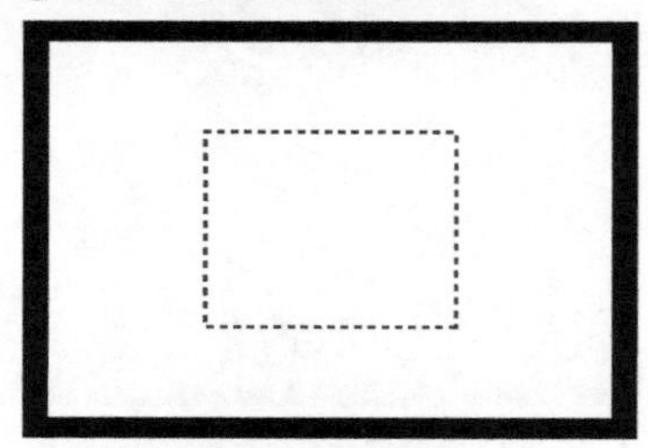

❷ 对白色物体进行测光并拍摄

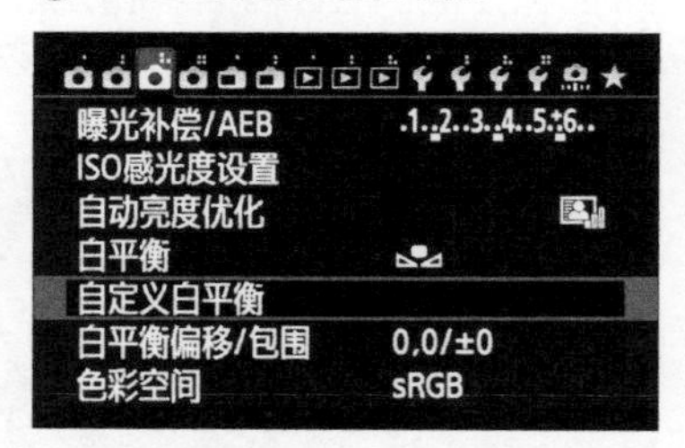

❸ 在**拍摄菜单** 3 中点击选择**自定义白平衡**选项

❹ 点击选择步骤❷拍摄的照片后，点击 SET OK 图标，在出现的对话框中选择**确定**选项

❺ 点击选择用户自定义白平衡

由于室内灯光颜色偏暖，使用自定义白平衡在室内可拍出颜色正常的画面。「焦距：50mm | 光圈：F6.3 | 快门速度：1/200s | 感光度：ISO200」

4.12.4 手调色温

设置白平衡实际上就是控制色温。当选择某一种白平衡时，实际上是在以这种白平衡所定义的色温设置相机。例如，当选择白炽灯白平衡时，实际上是将相机的色温设置为3000K；如果选择的是阴天白平衡，其实质操作是将色温设置为6000K。预设白平衡中各类白平衡的名称，只是为了使用户便于记忆与识别。

如果希望更精细地调整画面的色彩，则需要通过手调色温的方式来实现。预设白平衡的色温范围约为3000~7000K，只能满足日常拍摄的需求。而如果采用手动调节色温的方式进行调节，则可以在2500~10000K的范围内以100K为增量对色温进行调节。

因此，当使用室内灯光拍摄时，由于很多光源（影室灯、闪光灯等）的产品规格中会明确标出其发光的色温值，拍摄时就可以直接按照标注的色温进行设置。

而如果光源的色温不确定，或者对色温有更高、更细致的控制要求，就应该采取手调色温的方式，即先预估一个色温拍摄几张样片，然后在此基础上对色温进行调节，以使最终拍摄的照片能够正确还原拍摄时场景的颜色。

设置方法

曝光补偿/AEB　.1..2..3..4..5..6..
ISO感光度设置
自动亮度优化
白平衡　AWB
自定义白平衡
白平衡偏移/包围　0,0/±0
色彩空间　sRGB

▲ **佳能相机手动选择色温设置方法：**在拍摄菜单3中点击选择白平衡选项，然后点击选择不同的选项，然后点击SET图标确认，当选择色温选项时，点击◀或▶图标或转动主拨盘可选择不同的色温值

▲ **尼康相机手动选择色温设置方法：**按下?/o-n（WB）按钮，旋转主指令拨盘直至控制面板中显示K，然后再旋转副指令拨盘即可调整色温值

常见光源或环境色温一览表			
蜡烛及火光	1900K 以下	晴天中午的太阳	5400K
朝阳及夕阳	2000K	普通日光灯	4500~6000K
家用钨丝灯	2900K	阴天	6000K 以上
日出后一小时阳光	3500K	晴天时的阴影下	6000~7000K
摄影用钨丝灯	3200K	水银灯	5800K
摄影用石英灯	3200K	雪地	7000~8500K
220 V 日光灯	3500~4000K	无云的蓝色天空	10 000K 以上

▼ 以下这组照片是通过调整色温值获得的不同色调效果，通过观察可以发现，色温值越大则画面色调越暖，色温值越小则画面色调越冷。

色温值为2500K

色温值为3500K

色温值为4500K

色温值为6500K

色温值为8500K

色温值为10000K

4.13 包围曝光

4.13.1 包围曝光的概念与设置方法

如果拍摄现场的光线很难把握，或者拍摄的时间很短暂，为了避免曝光不准确而失去这次珍贵的拍摄机会，可以选择包围曝光来提高拍摄的成功率，通过设置包围曝光拍摄模式，提高拍摄的成功率使相机针对同一场景连续拍摄出多张（通常是3张）曝光量略有差异的照片，每一张照片曝光量具体相差多少，可由摄影师自己确定。在具体拍摄过程中，摄影师无须调整曝光量，相机将根据设置自动在第一张照片的基础上增加、减少一定的曝光量，以拍摄出另外的照片。

按此方法拍摄出来的多张照片中，总会有一张是曝光相对准确的照片，因此使用包围曝光能够提高拍摄的成功率。

设置方法

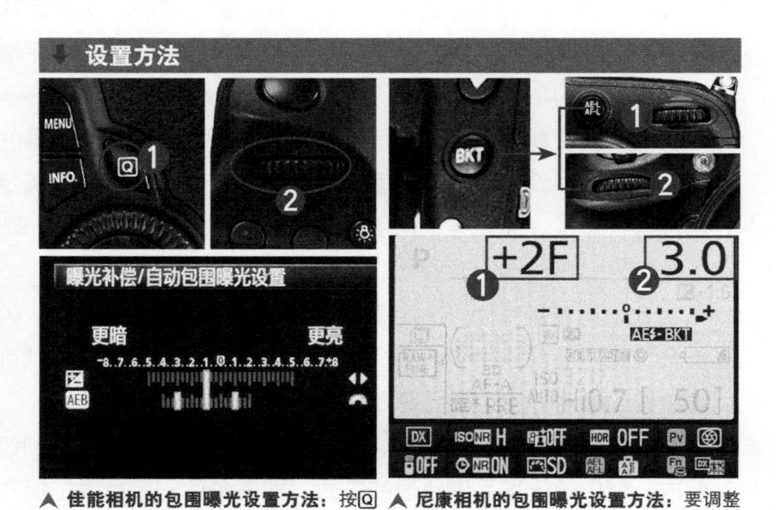

▲ **佳能相机的包围曝光设置方法：**按Q键并使用多功能控制钮选择曝光补偿并按 SET 按钮，转动主拨盘可调整包围曝光的范围

▲ **尼康相机的包围曝光设置方法：**要调整包围曝光参数，默认情况下，按下BKT按钮，转动主指令拨盘可以调整拍摄的张数❶；转动副指令拨盘可以调整包围曝光的范围❷

▲ 在光线比较复杂的环境中，使用包围曝光可得到 3 张曝光效果不同的照片，再从中选择曝光效果最好的一张。

4.13.2　包围曝光的作用之一——提高出片率

包围曝光的作用之一，就是当不能确定当前的曝光是否准确时，为了保险起见，使用该功能（按3次快门或使用连拍功能）拍摄增加曝光量、正常曝光量以及减少曝光量3种不同曝光结果的照片，然后再从中选择比较满意的照片。

▲ 在旅游参观精美的大教堂时，可能会没有时间去繁琐地设置曝光参数，此时便可以使用包围曝光功能，分别拍摄-0.7EV、00EV、+0.7EV 的 3 张照片，然后再从中选择满意的照片。

4.13.3　包围曝光的作用之二——获取HDR照片素材

在风光、建筑摄影中，使用包围曝光拍摄的不同曝光结果的照片，还可以对其进行后期的HDR合成，从而得到高光、中间调及暗调都具有丰富细节的照片。

在拍摄之前，需要在数码相机中设置好包围曝光拍摄参数。大部分单反相机都支持按“欠曝、正常、过曝”的曝光模式来连续拍摄3张照片，每张照片的曝光差值可以根据需要进行调控，通常可以在±2级之间调节，从而通过拍摄得到减少曝光量、标准曝光量、增加曝光量3种不同曝光程度的照片。

使用这种方法获得不同曝光量的照片后，即可在后期软件中进行HDR合成，最后得到高光、中间调及暗调细节都丰富的照片。

采用自动包围曝光法拍摄时应注意如下问题：

- 建议采用光圈优先模式，只有使相机在自动变换曝光量时保持光圈恒定，才能保证拍摄出来的画面景深不变，这样的素材在后期合成时彼此细节才能够吻合。
- 由于自动对焦很容易产生误差，因此建议采用手动对焦方式对焦。
- 建议通过快门线控制快门，尽量避免相机产生震动。
- 要想获得高质量的HDR合成照片，建议使用三脚架拍摄。
- 要想获得高宽容度的数码照片，应将包围曝光参数的差值设置得相对大一些，比如，每挡曝光相差2级。

4.14 利用曝光锁定重新构图

4.14.1 什么是曝光锁定

曝光锁定，顾名思义就是可以将画面中某个特定区域的曝光值锁定，并以此曝光值对场景进行曝光。

曝光锁定主要用于如下场合：①当光线复杂而主体不在画面中央位置的时候，需要先对准主体进行测光，然后将曝光值锁定，再进行重新构图、拍摄；②以代测法对场景进行曝光，当场景中的光线复杂或主体较小时，可以对其他代测物体测光，如人的面部、反光率为18%的灰板、人的手背等，然后将曝光值锁定，再进行重新构图、拍摄。

使用佳能相机进行曝光锁定时，首先，对所要拍摄的对象进行测光。相机会以所测的对象为依据，自动计算曝光量，并给出一个曝光组合的数据。然后，按下相机上的曝光锁定按钮✱，此时相机所测得的曝光量将被锁定。最后，移动相机重新构图并拍摄即可。

在尼康相机上使用曝光锁定或对焦锁定功能，可以在半按快门进行对焦后将曝光值或对焦位置锁定，以利于重新构图进行拍摄。要锁定曝光或对焦，按下相机上的AE-L/AF-L按钮即可。

▲ **佳能相机设置曝光锁定方法：**按下自动曝光锁定按钮，即可锁定当前的曝光

▲ **尼康相机设置曝光锁定方法：**按下AE-L/AF-L按钮即可锁定曝光和对焦

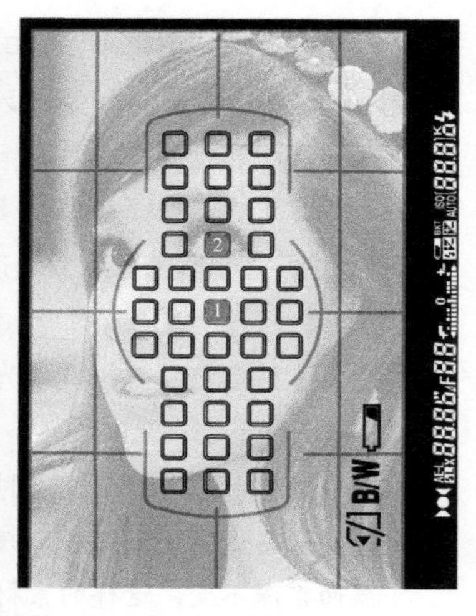

◀ 在拍摄此照片时，先是对位置❶人物面部半按快门进行测光，然后释放快门并按下✱或AE-L/AF-L按钮锁定曝光，然后重新对位置❷人物眼睛进行对焦并拍摄，从而得到了正确曝光的画面。

4.14.2　曝光锁定的优点是什么

当所拍摄主体的对焦区域和测光区域不在一起或主体距离拍摄位置较远、主体面积较小而环境较大的情况时，普通的拍摄方式几乎无法满足同时测光与对焦的需求，甚至有时会因构图等因素导致曝光发生变化，影响整组照片的画面质量。

而使用曝光锁定功能先针对主体进行测光，并锁定其曝光组合，这样即使是重新构图也可按照原记录的曝光组合进行拍摄，从而获得合适的曝光，不仅减少了曝光失误的情况，而且也可以用同一组曝光参数拍摄多张不同构图的照片。

▲ 利用曝光锁定功能锁定参数，拍摄到了多张构图有区别但画面曝光不变的照片。

课后任务：拍摄唯美的焦外虚化

目标任务：

设置大光圈将光源虚化成光斑效果，营造浪漫的画面气氛。

前期准备步骤：

1. 选择较大光圈的镜头

选择F2.8或更大光圈的镜头。

2. 选择合适的光源

周围环境较暗，且带有颜色的光源，拍出的效果会比较有美感。

3. 构图

为了使画面看起来更有氛围，可选择可爱的小玩偶作为辅助物，点缀效果使画面更加生动。

4. 设置较低感光度

由于是在光源不够充足的环境中拍摄，为了确保画面的精细度尽量设置较低的感光度，可使用三脚架来固定相机，以得到清晰的画面。

相机实操步骤：

唯美焦外虚化拍摄步骤：

1．选择一支具有大光圈的定焦镜头，如各厂的50mm F1.8镜头就非常便宜，或者一支焦距在100mm以上的长焦镜头也勉强可以。

2. 建议将相机安装在三脚架上进行拍摄，以保证相机的稳定。

3. 选择光圈优先模式并设置最大的光圈值。

4. 设置测光模式为矩阵/评价测光。

5. 设置感光度为ISO100~200，以保证画面质量。如果是手持拍摄，则应该适当提高感光度数值，以保证快门速度处于安全快门之上，从而避免抖动而造成画面模糊。

6. 将对焦模式设置为手动对焦模式，手动转动对焦环，让被摄体置于焦距之外，形成漂亮的虚化效果（通常情况下，在取景器中看到的虚化效果，没有最终结果强烈）。

7. 进行适当的构图后，按下快门即完成拍摄。

第5章 瞬间光影——了解光线

【学前导读】

光线对摄影的影响究竟有多大？不同的光线会得到怎样的画面效果？如何运用光线的特点来表现被摄对象独有的特点，得到不一样的画面？本章将从光质、光比、光线的方向、影调和光线带来的明暗变化等几个方面对光线进行详细的解析。

【本章结构】

【学习要领】

1．知识要领

了解光的基本知识，掌握光线的运用技巧

2．能力要领

根据拍摄题材的特征选择合适的光线

5.1 光的性质

5.1.1 直射光

光源直接照射到被摄体上，使被摄体受光面变得明亮，背光面变得阴暗，这种光线就是直射光。

直射光照射下的对象会产生明显亮面、暗面与投影，所以会表现出强烈的明暗对比。

当直射光从侧面照射被摄对象时，有利于表现被摄体的结构和质感，因此是建筑摄影、风光摄影的常用光线之一。

▲建筑物在直射光的照射下，受光面与背光面的对比很强烈，使建筑呈现出很强的立体感，画面感觉很明朗。「焦距：16mm ｜光圈：F22 ｜快门速度：1/100s ｜感光度：ISO400」

5.1.2 散射光

散射光是指没有明确照射方向的光，例如阴天、雾天时的天空光或者添加柔光罩的灯光，水面、墙面、地面反射的光线也是典型的散射光。散射光的特点是照射均匀，被摄体明暗反差小，影调平淡柔和，能较为理想地呈现出细腻且丰富的质感和层次。与此同时，也会带来被摄对象体积感不足的负面影响。

根据其特点，在人像拍摄中常用散射光表现女性柔和、温婉的气质和娇嫩的皮肤质感。

散射光条件下拍摄的人像没有明显阴影，人物皮肤显得非常光滑、细腻，画面给人一种非常柔和、唯美的感觉。「焦距：50mm ｜光圈：F3.5 ｜快门速度：1/250s ｜感光度：ISO100」

5.1.3 反射光

当光线经过反光物体时，光线的传播方向会发生变化，将其周围景物反射在反光物体(玻璃、金属、水等)中，让人可以看到与周围景物相反的镜像。

与折射光不同的是，反射光是将周围景物反射在反光景物上，而折射光则是将周围景物折射进透明或半透明的景物中。

反射光在摄影中也经常被使用，例如人像摄影中，经常用镜子作为道具来表现虚虚实实的效果，在建筑摄影中，也经常借用建筑中金属或玻璃的反光体来反射建筑周围的建筑，以给人标新立异的感觉。

利用建筑外墙的玻璃反射其他的建筑，得到了奇特的视角感受。

焦　　距：70mm
光　　圈：F5.6
快门速度：1/800s
感 光 度：ISO200

5.1.4 折射光

光线从周围的景物中斜射进入水、玻璃等透明介质中时，传播方向发生变化，在折射光的作用下，水、玻璃等透明介质中出现其周围景物的影像，让人可以通过其“以小见大”并感受到“画外有画”的感觉。

在摄影中，最典型的就是拍摄植物、花朵上的水珠。但要将直径只有几毫米的水珠及其水珠上映出的有趣画面拍摄下来，难度却相当高，不但要使用专用的微距镜头，还要通过光源强度、景深等几方面控制，在实际拍摄时需要反复试验才能拍摄成功。

需要注意的是，光线在发生折射的同时，也会发生反射，因此在拍摄时光源的强度不能太大，且不能直接照射在水珠（或其他透明介质）上，否则会在水珠上出现一个亮亮的反光点，从而会破坏水珠中的图像。

此外，拍摄时，还需要注意的是水珠是一个球体，有时整个水珠不一定都在景深范围之内，因此对焦时应该确定在水珠球面成像最清晰的地方，以保证水珠中折射出的图像有很高的清晰度。另外，为了获得背景简洁、主体突出的画面效果，画面背景的颜色应该与主体的颜色相协调。

▲ 水珠是一种很好的折射光介质，拍摄这样的题材，不但可以透过水珠看到水珠外的世界，形成画外有画的效果，还可以通过这些景物来美化画面，使画面更丰富。「焦距：60mm | 光圈：F6.3 | 快门速度：1/180s | 感光度：ISO200 」

5.2　光比

5.2.1　光比的概念

光比指被摄物体受光面亮度与阴影面亮度的比值，是摄影的重要参数之一。

通常情况下，散射光照射下被摄体的明暗反差小，光照效果均匀，因此光比就小；而直射光照射下被摄体的明暗反差较大，因此光比就大。

5.2.2　大光比

大光比即画面中光线最强与最弱部分的差别较大，画面中高光部位与阴影部位亮度差异大，从亮到暗的层次变化明显,这样的画面通常较易吸引观者的注意，并给人以硬朗、强烈的视觉感受。

但同时，过高的明暗对比往往会使画面亮部与暗部的细节无法获得很好的表现，而如果光比超出了感光元件的宽容度，被摄体的许多质感细节及色彩层次都会受到很大的损失。

▲ 逆光下针对天空进行测光，由于明暗反差较大，建筑被处理成剪影的形式，画面感觉很明朗。「焦距：70mm ｜光圈：F5 ｜快门速度：1/640s ｜感光度：ISO100」

5.2.3　小光比

小光比即画面中光线最强与最弱部分的差别较小，画面中高光部位与阴影部位亮度差异小，从亮到暗的层次变化较为丰富、细腻。

这样的画面效果通常有着丰富质感细节、色彩层次的呈现，整体画面影调较为柔和，常给人以柔美、恬静的视觉感受。

同时，过低的画面明暗对比会使画面表现得过于平板，缺少生气，也会影响被摄体的立体感和力度感的呈现，影调会显现得较为平淡，该种影调更适于表现被摄体“柔”的一面。

▲ 被摄者脸上没有难看的阴影，皮肤很白皙，表现出了女孩柔美的感觉。「焦距：35mm ｜光圈：F4 ｜快门速度：1/250s ｜感光度：ISO125」

5.3 光线的方向

5.3.1 顺光

从被摄景物正面照射过来的光线即是顺光，顺光下的景物受光均匀，没有明显的阴影或者投影，画面通透、颜色亮丽。

对拍摄人像而言，顺光最大的特点就是可以掩盖面部的一些小瑕疵，显得模特皮肤较好。但对于风光摄影而言，在顺光的照射下，被拍摄的景物光照均匀，画面平板乏味，缺少立体感与空间感。但在顺光照射下，景物的色彩饱和度较好。

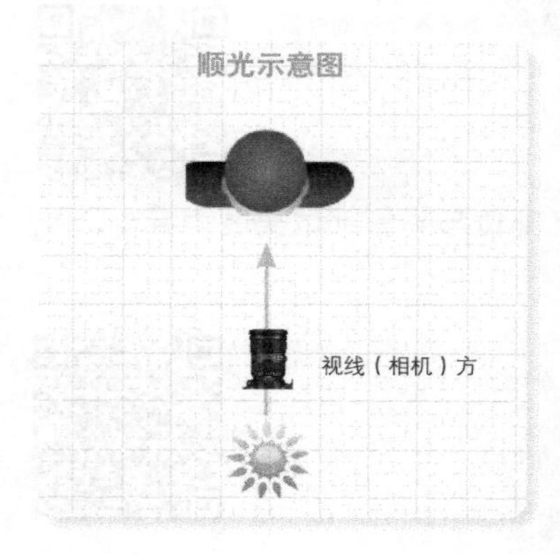

▲ 采用顺光拍摄人像，可以很好地表现人物细腻的肌肤，特别适合拍摄女性与儿童。「焦距：85mm | 光圈：F3.5 | 快门速度：1/250s | 感光度：ISO200」

5.3.2 前侧光

前侧光即照射角度介乎于侧光与顺光之间的光线。其特点就是拍摄对象的大面积区域（超过一半）会较为明亮，能够呈现较多的画面细节，同时又不乏立体感，是属于各方面都较为优秀的光源类型。

例如在拍摄人像时，充分利用反光板或其他补光器材，对暗部进行适当的补光，从而控制好画面的光比，拍摄出漂亮的人像作品。

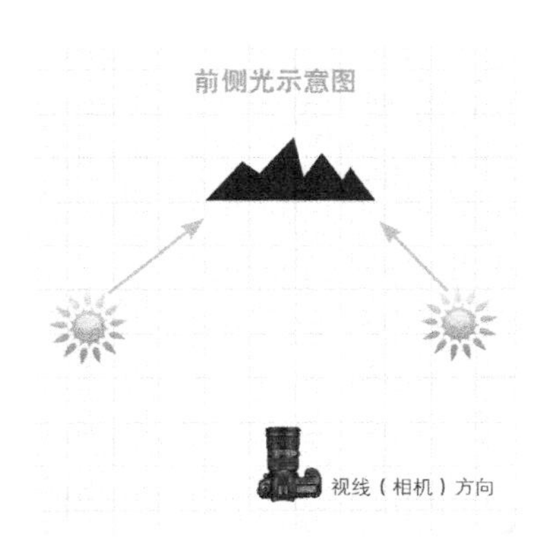

前侧光的照射下，山峰被渲染上了好看的金黄色，在蓝天背景的衬托下非常醒目，小面积的阴影使山体看起来更有立体感。「焦距：200mm ｜光圈：F13 ｜快门速度：1/250s ｜感光度：ISO100」

5.3.3 侧光

当光线投射方向与相机拍摄方向呈一定角度时（角度大于0° 小于 90°），这种光线即为“侧光”。

侧光照射下景物受光的一面在画面上构成明亮部分，不受光的一面形成阴影，景物由于有明显的明暗对比，因此有了层次感和立体感，这种光线是风光摄影中运用较多的一种光线。

当景物处在侧光照射条件下，轮廓鲜明，纹理清晰，黑白对比明显，色彩鲜艳，立体感强，前后景物的空间感也比较强。

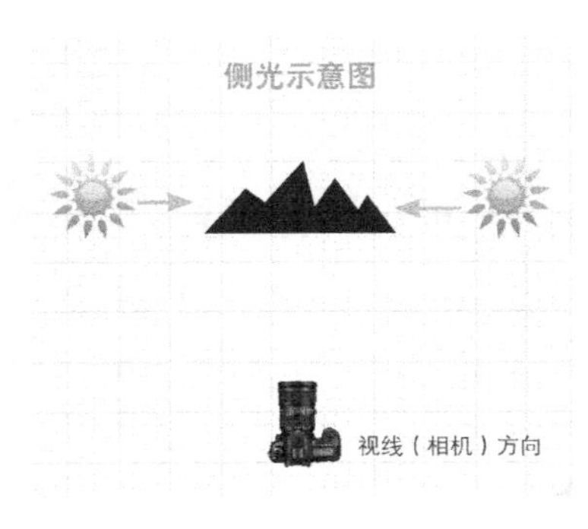

侧光下拍摄建筑，画面的光比较大，强烈的明暗对比将建筑的质感与立体感表现得很好。「焦距：200mm ｜光圈：F16 ｜快门速度：1/500s ｜感光度：ISO100」

5.3.4 侧逆光

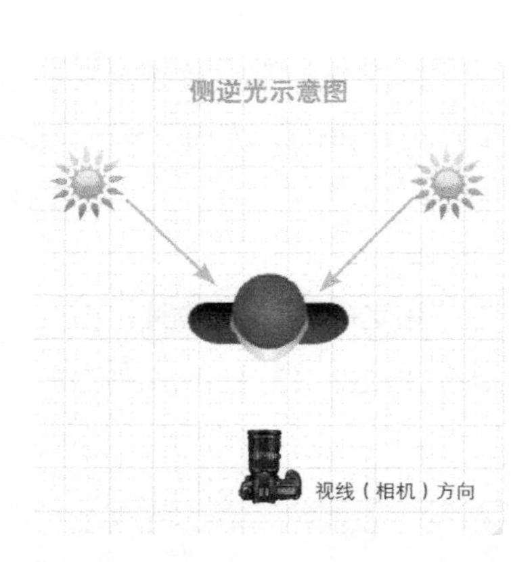

侧逆光属于介于侧光与逆光之间的光线，它会使被摄体面向相机的一侧大部分都处于阴影之中（超过一半），画面阴影很多，影调厚重。在拍摄时，可借助其他光源对被摄体面向相机的一面补光以缩小明暗反差，也可增加曝光量以提高画面亮度，但要注意的是，这样的做法可能会导致背景中光照较强的区域变得曝光过度。

侧逆光还有一个非常典型的应用就是，运用直射的逆光，在被摄体的轮廓处形成高光线条，可用于勾勒被摄体轮廓，在人像、动物等题材的摄影中，常常用来表现头发或毛发边缘，可以形成非常漂亮的亮边效果。

▲ 高角度的侧逆光环境下，光线照射在人物身体上，可以形成漂亮的头发光及轮廓光，通常为正面进行补光，并在背景中避开光源，使得画面整体都得到了正确的曝光。

焦　　距：70mm
光　　圈：F4
快门速度：1/200s
感 光 度：ISO100

5.3.5　逆光

逆光即来自被摄体后方的、投射方向与摄影机镜头的光轴方向相对的光线。逆光拍摄建筑、雕像等坚实的物体时，往往会呈现出清楚的轮廓线和强烈的剪影效果。如果是拍摄花朵、草丛、毛发等表面柔软的物体，则其表面柔软的纤毛会在逆光下呈现出半透明光晕，不仅能够勾勒出物体的轮廓，将物体和背景拉开距离，而且能够使被拍摄对象看上去有种圣洁的美感。拍摄时如果要表现这种物体被镀了一层金边的效果，应该在有光晕的地方测光，将主体处理成全黑的剪影，突出其金色的轮廓光效果。

逆光是风光摄影中创造“意境”的常用光线，逆光下的景物除了少量轮廓高光外，大部分处在阴影之中，增加了作品神秘的色彩。

在逆光照射下拍摄，被拍摄的主体能够和杂乱的背景分离开，且由于逆光仅能够表现主体的轮廓，因此正面不和谐、不悦目的颜色、细节会隐没在阴影中，使画面看上去更加简洁明快。

在逆光下拍摄景物应在对暗部测光的基础上减少1级曝光量，这样既能较好地表现暗部层次，又能塑造明亮醒目的轮廓光。

但是，逆光下直射光容易在镜头筒内形成折射光，从而产生眩光效果，降低影像反差，因此要用遮光罩或纸板、帽子等挡住直射光。

当拍摄的对象较为轻薄时，逆光的光线可以穿透拍摄对象，使之形成半透明的效果，例如在拍摄昆虫的翅膀、花瓣等拍摄对象时非常适用。

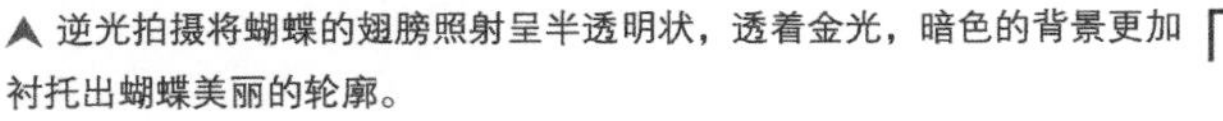
▲ 逆光拍摄将蝴蝶的翅膀照射呈半透明状，透着金光，暗色的背景更加衬托出蝴蝶美丽的轮廓。

焦　　距：90mm
光　　圈：F10
快门速度：1/125s
感 光 度：ISO200

5.3.6 顶光

顶光即指与拍摄对象呈现90° 垂直照射的光线，一些角度有所偏移的垂直光线，也通常被归到此类型光线中。其特点就是能够使拍摄对象的投影垂直在下方，有利于突出拍摄对象的顶部形态。

在自然界中，亮度适宜的顶光可以为画面带来饱和的色彩、均匀的光影分布以及丰富的画面细节。

在人像摄影中，不同角度的顶光可以用作头发光，来突出头发的质感，又或者是用于突出一些特殊的艺术气息。

▲ 中午的光线很强烈，使海边的遮阳伞在地面上形成了厚重的阴影。整个画面饱和度很高，影调明朗，有很强的欣赏性。「焦距：90mm ｜光圈：F11 ｜快门速度：1/400s ｜感光度：ISO100」

5.4 影调

5.4.1 高调

高调照片的基本影调为白色和浅灰，其面积可能占画面的80%甚至90%以上，给人以明朗、纯净、清秀之感。在风光摄影中适合于表现宁静的雾景、雪景、云景、水景，在人像摄影中常用于表现女性与儿童，以充分传达洁净的氛围，表达柔情似水的特征。

在拍摄高调的画面时，除了要选择浅色调的物体外，要注意运用散射光、顺光，因此多云或阴天、雾天、雪天是比较好的拍摄天气。

如果在影棚内拍摄，应该用有柔光材料的照明灯，从而以较小的光比，减少物体的阴影，形成高调的画面。

为了避免高调画面产生苍白无力的感觉，要在画面中适当保留少量有力度的深色、黑色或艳色，例如，少量的阴影，或者是人像摄影中的人物眉毛、眼睛以及头发的部位。

▲略微过曝的天空及地面上的积雪构成了一幅亮丽的高调作品，拍摄时通过增加曝光补偿的方法使高调效果更加强烈、干净。

焦　　距：32mm
光　　圈：F10
快门速度：1/320s
感 光 度：ISO200

5.4.2 中间调

中间调即指中间影调，画面多以中灰亮度为主，画面的反差较弱，画面的影调平淡，给人以真实、朴素的感觉，这样的影调拍摄时运用较少，当画面形成弱反差的中间调时，可借助阴影和高光增强影调对比。

以中间调拍摄人像时，可以略增加一些曝光补偿，使人物的皮肤更加白皙；而拍摄风光时，则建议减少一些曝光补偿，尤其是在拍摄带有蓝天的中调风光画面时，可以更好地表现天空的色彩及层次。

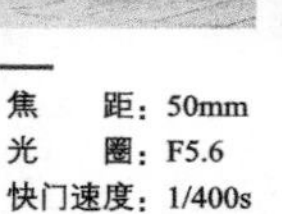

▲ 在自然环境中拍摄的画面，受光均匀，画面没有很明显的明暗对比，看起来很亲切、自然。

焦　　距：50mm
光　　圈：F5.6
快门速度：1/400s
感 光 度：ISO100

▲ 中间调画面最具真实感，但为了不使画面过于平淡，可穿着艳丽的服装或者在色彩鲜艳的环境中进行拍摄。

焦　　距：135mm
光　　圈：F5
快门速度：1/400s
感 光 度：ISO320

5.4.3　低调

低调照片的基本影调为黑色和深灰，其面积可能达到画面的70％以上，整体画面给人以凝重、庄严、含蓄和神秘的感觉。风光摄影中的低调照片多拍摄于日出和日落时，人像摄影中的低调照片多用于表现老人和男性，以强调神秘的气氛或成熟的气息。

在拍摄低调照片时除了要求选择深暗色的拍摄对象，避免大面积的白色或浅色对象出现在画面中外，还要求用大光比光线，如逆光和侧逆光。在这样的光线照射下，可以将被摄物隐没在黑暗中，但同时又勾勒出被摄体的优美轮廓，形成低调画面。

在拍摄低调照片时，要注重运用局部高光，如夜景中的点点灯光以及人像摄影中的眼神光等等，以其少量的白色或浅色、亮色，使画面在总体的深暗色氛围下呈现生机，以免低调画面灰暗无神。

▲ 夕阳西下，光线也逐渐转暗，拍摄时降低曝光补偿使画面形成低调风格，天空中的余晖显得非常耀眼，在整幅低调作品中显得格外突出。

焦　　距：16mm
光　　圈：F8
快门速度：1/125s
感 光 度：ISO250

5.5 光线带来明暗变化

5.5.1 少量阴影带来明暗对比

通过构图使画面中纳入一定比例的阴影，不仅可以增强画面的立体感，还能在体量上与光的轻浮形成对比，增强画面的明暗对比度，以突出主体，均衡画面。

▲ 在低角度前侧光的照射下，画面中出现了夸张的影子，整张照片有很强的立体感，而且充满戏剧性。「焦距：24mm ｜光圈：F9 ｜快门速度：1/500s ｜感光度：ISO100」

5.5.2 大面积阴影作为环境

形状独特的影子往往能成为画面的重要构成元素，尤其是傍晚或者日出时，建筑、树木、动物等往往会形成巨大的投影，而且通过投影还可以间接地反映物体的形状，是一种很好的造型元素。

物体的投影还可以表现出空间的透视感，形成近暗远淡、近深远浅的画面效果，给画面增添戏剧性的效果。

此外，电灯泡、射灯等人造光源也可以制造出投影效果，常用来表现神秘、特殊的画面氛围。

▲ 投射在雪地上的树林阴影增强了画面的空间感。「焦距：28mm ｜光圈：f/5 ｜快门速度：1/20s ｜感光度：200」

5.5.3 光线制造剪影效果

剪影可以减去主体本身所固有的全部色彩与层次，只用100%的黑色来表达人或物的外在轮廓形态，是一种内减法。

失去了光所营造的视觉立体感，剪影主体在视觉上几乎完全平面化了，因此剪影法也是一种相对抽象的手法。

在正常情况下，当背景光的强度远大于主体时，应按背景光强度值进行曝光，使用较小光圈和较高速度拍摄，从而得到轮廓清晰的剪影；如果背景光强度有所减弱，比如日落时分，则可采用较大光圈和较慢速度拍摄，以得到轮廓朦胧的剪影效果，从而增强画面的神秘感和动感。

拍摄剪影时要注意的是，如果拍摄的是多个主体，则不要让剪影之间产生太大的重叠，以避免由于重叠产生新的剪影轮廓形象，导致观者无法分辨清楚，从而使剪影失去可辨性。当然，如果能使两个或两个以上的剪影在画面中合并成为一个新的形象，那将是非常有趣的画面效果。

▲ 在逆光下仰视拍摄泰姬陵，对天空测光后得到剪影效果的建筑轮廓，增强了建筑的宏伟气势，在大面积的天空衬托下建筑的轮廓显得更加突出。「焦距：30mm ｜光圈：F13 ｜快门速度：1/1000s ｜感光度：ISO100」

5.5.4 轮廓光勾勒出清晰轮廓

轮廓光是指自被摄体的后方或侧后方照射过来的光线，能够把物体和背景分离，因此又称为“隔离光”、“勾边光”。可以隔离同色调的主体和背影，强烈的轮廓光效果可以勾勒且突出景物的轮廓线条，使其在画面中更加突出。

在拍摄人像时轮廓光可以增加头发的细节，使画面不但更有层次，还增添更多美感；而在拍摄动物时轮廓光则可以强调动物身上的绒毛或毛发质感，使其更具表现力。此外，在拍摄玻璃器皿等静物摄影时，也经常使用到轮廓光表现。

▲ 轮廓光使主体和背景分离，使男孩显得更加立体。「焦距：116mm ｜光圈：F4 ｜快门速度：1/400s ｜感光度：ISO100」

课后任务：逆光人像

目标任务：

一是如何利用逆光或侧逆光光线拍出唯美的人像照片。二是利用逆光表现出人物的优美轮廓造型。

前期准备步骤：

1．选择适合拍摄人像的定焦或变焦镜头

选择焦距在35~135mm之间的标准变焦镜头或者50mm、85mm的定焦镜头。

2. 反光板

想要人物皮肤显得白皙可以选择银色或白色反光板，想要人物皮肤显得温暖可以选择金色反光板。

3. 选择合适的时间

在日出后一小时或日落前两小时，光线比较柔和，以逆光或侧逆光拍摄，可以很好地体现出人物的轮廓美，同时由于环境光非常明亮，只要简单的配合反光板为人物暗部补光，即可获得很好的拍摄效果。

焦　　距▷70mm
光　　圈▷F3.5
快门速度▷1/200s
感 光 度▷ISO100

▲使用侧逆光光线拍摄女孩，女孩的头发出现了非常漂亮的轮廓光，十分迷人。

相机实操步骤：

逆光人像拍摄步骤：

1．设置拍摄模式为M挡手动模式，并根据想要的照片风格选择光圈值。如果拍摄面部有细节的逆光人像，可以选择大光圈以虚化背景；如果拍摄逆光剪影人像，因为需要选择空旷的天空为背景，则可以适当缩小光圈，以获得标准曝光。

2．由于逆光拍摄时，模特的大部分会处在阴影之中，所以为了人物面部获得均匀、自然的曝光效果，需要使用反光板对被摄者的面部进行补光。若是拍摄剪影效果则不需要补光。

3．将测光模式切换为点测光模式，使用中间对焦点对人物面部进行测光，从而使人物面部皮肤曝光准确。如果是拍摄剪影效果，则对天空较亮处进行测光，从而使人物由于曝光不足形成黑色的剪影。

4．为了使天空保留较多的细节或剪影更深暗，调整曝光数值使曝光减少-0.3EV～-0.5EV。

5．按下曝光锁定按钮锁住曝光数值。

6．将对焦点设置成为单点对焦，并半按快门按钮对人物眼睛进行对焦（拍摄剪影效果则可以对人物边缘对焦）。

7．对焦成功后，保持半按快门状态并移动相机重新构图，然后按下快门即完成拍摄。

◀ 利用剪影表现一对牵手的新人，这样的画面看起来很简洁、明了，拍摄时通过适当的减少曝光补偿，不仅可使剪影的效果更明显，还可使背景天空的颜色更加浓郁。「焦距：135mm｜光圈：F5.6｜快门速度：1/1600s｜感光度：ISO100」

第6章　让照片的色彩更绚烂

【学前导读】

在彩色照片大行其道的今天，色彩对画面的影响是极其大的，究竟不同的颜色各有什么样的特点？对人的心理会有什么样的影响？如何掌握画面色彩的表现？本章将讲解光线对色彩的影响、色彩对观者的心理影响和几种颜色搭配的特点，通过了解关于色彩的基本原理，使读者学会在拍摄时有意识地营造合适的画面色调。

【本章结构】

【学习要领】

1．知识要领

·色彩与光线的关系

·不同色彩的画面特点

2．能力要领

对颜色有初步的了解，学会运用色彩表达画面情感

6.1 掌握光线与色彩的关系

对人而言，色彩其实是一种视觉感受，当光线投射到物体上时，一部分光线被物体吸收，另一部分光线被物体反射回来，并经由人的视神经传递至大脑，形成物体的色彩印象。之所以不同物体会呈现出不同的色彩，正是因为这些物体反射了不同的光线。

例如，红苹果反射红色的光线，天空中的微粒反射了蓝色、青色的光线，因此，在人的眼中苹果是红色的、天空是蓝色的。由此可知，没有光就没有色彩。也就不难理解，为什么摄影艺术被称为光线的艺术。

◀顺光条件下，摄影师拍摄被切开的柠檬，画面呈现明亮的色彩，柠檬的色泽也被表现的淋漓尽致。「焦距：40mm｜光圈：f/5｜快门速度：1/250s｜感光度：ISO100」

6.2 红、绿、蓝

我们看到自然界有不同的颜色，是由于光的作用。我们的眼睛和大脑把可见光按不同的波长分为红、橘、黄、绿、青、蓝、紫等不同颜色的光谱。把整个光谱分为红、绿、蓝三个色段，它们称为光谱中的三个主要色，也叫三原色。

在光学中，蓝、绿、红三原色又称“RGB”。白光就是由这三原色组成的。**需要注意的是，光学中的三原色和绘画中的三原色是不一样的，区别就在于光学中的三原色可以利用补色来平衡画面色彩。**

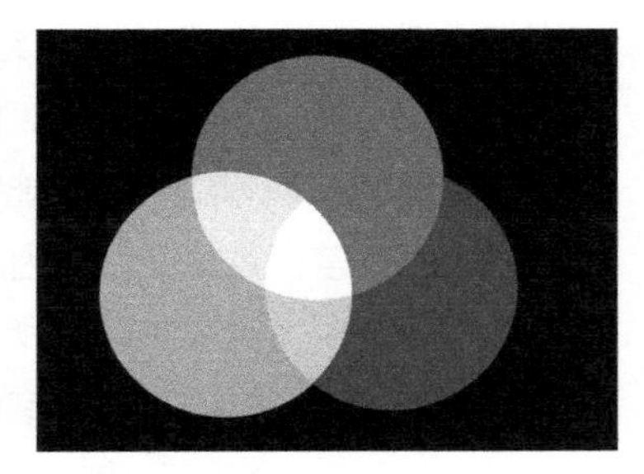

▲三原色示意图

▲ 逆光光线条件下拍摄日出景象，水面与天光混为一色，被染上低色温的暖红色影调，整个画面充满了旺盛的生命力。「焦距：29mm ｜光圈：F22 ｜快门速度：6s ｜感光度：ISO100」

▲ 天色乍亮之时进行拍摄，天边色彩较为浓郁的同时，地面景象略微被照亮，此时摄影师针对天空亮度均匀处曝光拍摄，从而获得冷蓝色的画面影调，使景象倍显静谧之美。「焦距：10mm ｜光圈：F8 ｜快门速度：1/10s ｜感光度：ISO400」

6.3 用色彩影响观者的心理

自然界中不同的色彩，能给人们不同的感受与联想。例如，当看到早晨的太阳，人们会有温暖、兴奋、希望与活跃的感觉，因此以红色为主色调的画面也就很容易使人产生振奋的情感，但由于血液也是红色，因此红色又能够给人恐怖的感觉。同理绿色能使人产生一种清新、淡雅的情感，但由于霉菌、苔藓也是绿色，因此绿色有时也会给人不洁净的感觉。

人们把这种对色彩的感觉所引起的情感上的联想，称为“色彩的感情”。色彩的感情是从生活中的经验积累而来的，由于国家的不同、民族的不同、风俗习惯的不同、文化程度和个人艺术修养的不同，对色彩的喜爱可能有所差异。

如中国皇家专用色彩为黄色；罗马天主教主教穿红衣，教皇用白色；伊斯兰教偏爱绿色；喇嘛教推崇正黄；白色在中国传统中为丧服，大红才是婚礼服色彩，而欧洲用白色作为主要婚礼服色；中国人不太喜欢黑色，而日耳曼民族却深爱黑色。

了解画面色彩是如何影响观者情感的，有助于摄影师根据画面的主题，通过使用一定的摄影技巧，使画面的色彩与主题更好地契合起来。例如，可以通过使用不同的白平衡，使画面偏冷或偏暖；或者通过选择不同的环境，利用环境色来影响整体画面的色彩。如果拍摄的是人像题材，还可以利用带有颜色的反光板来改变画面的色彩。

▲ 整个画面的主体色彩是绿色，给人以清新、生机勃勃之感。「焦距：50mm ｜光圈：f/6.3 ｜快门速度：1/100s ｜感光度：ISO100」

6.4　相邻色之间的融合

在色环上临近的色彩能够相互配合，如红、橙、橙黄，蓝、青、蓝绿，红、品、红紫，绿、黄绿、黄等色彩可以相互配合，由于它们反射的色光波长比较接近，不至于引起视觉上明显的跳动。所以，它们相互配置在一起时，不仅没有强烈的视觉对比效果，而且会显得和谐、协调，使人们得到平缓与舒展的感觉。

可以看出，相邻色构成的画面较为协调、统一，但很难给观赏者带来较为强烈的视觉冲击力，这时可依靠景物独特的形态或精彩的光线为画面增添视觉冲击力。但是在大部分情况下，运用相邻色构成的画面进行拍摄，还是可以获得较为理想的画面效果的。

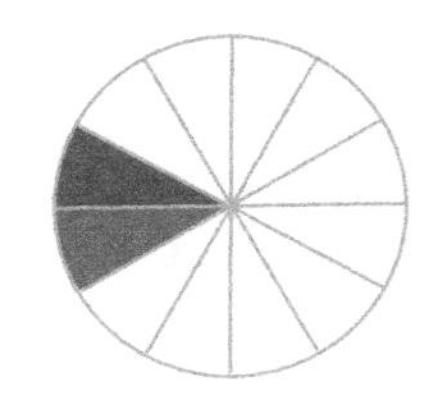

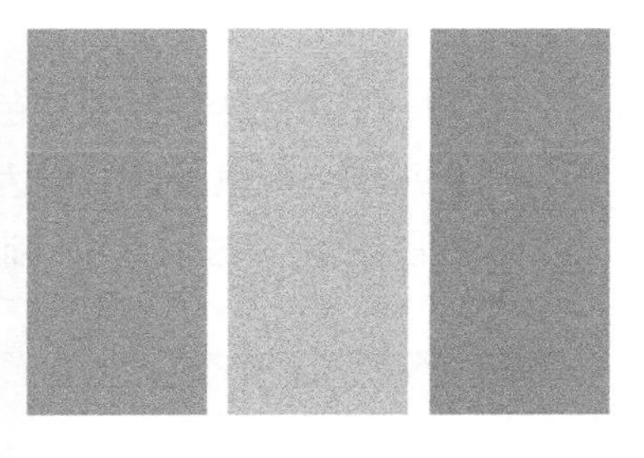

◀ 傍晚，天空的云彩形成了一组邻近色，颜色的渐次递变给人一种温馨、和谐的感觉，尽显夕阳时的宁静氛围。「焦距：20mm ｜光圈：f/9 ｜快门速度：1/800s ｜感光度：ISO100」

◀ 天空的色彩变化和绿树形成一组邻近色，构成一幅和谐的画面，尽显大自然清新的气息。「焦距：65mm ｜光圈：f/11 ｜快门速度：1/200s ｜感光度：ISO100」

6.5 鲜明对比的撞色

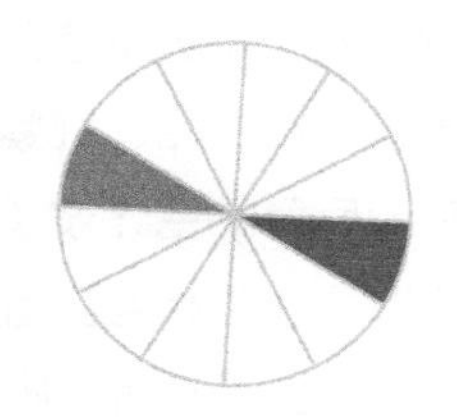

在色彩圆环上位于相对位置的色彩，即对比色。一张照片中，如果具有对比效果的色彩同时出现，会使画面产生强烈的色彩表现效果，其紧张生动和戏剧性的效果常给人留下深刻的印象。

因此，在摄影中，通过色彩对比来突出主体是最常用的手法之一。无论是利用天然的、人工布置的或通过后期软件进行修饰的方法，都可以获得明显的色彩对比效果，从而突出主体对象。

在所有对比色搭配中，最明显也最常用到的就是冷暖对比。一般来讲，在一个画面里暖色会给人向前的感觉，冷色则有后退的感觉，这两者结合在一起就会有纵深的感觉，使画面更具视觉冲击力。

在同一个画面中使用对比色时，一定要注意如果使画面中每种对比色平均分配画面，非但达不到使画面引人瞩目的效果，还会由于对比色相互抵消，使画面显得更加不突出。

▲ 傍晚天空呈现出好看的淡蓝色，夕阳落下的地方呈现暖黄色，二者构成一组对比色，给人一种醒目、明亮的视觉感受。
「焦距：18mm｜光圈：f/8｜快门速度：4s｜感光度：ISO100」

6.6 色彩的感觉

6.6.1 暖色

在色环中，红、橙一侧的颜色称为暖色。暖色可以带给人温馨、和谐、温暖的感觉。这是因为暖色会使人联想到太阳、火焰等，因此给人们一种温暖、热烈、活跃的感觉。

▲「17mm | F8 | 1/2s | ISO100」夕阳下，越接近太阳的位置越呈现出金黄色，红色与黄色的混合即为橙色，表现出了夕阳温暖的感觉。

6.6.2 冷色

在色环中，蓝、绿一侧的颜色称为冷色。冷色常使人们联想到蓝天、海洋、月夜和冰雪等，给人一种阴凉、宁静、深远的感觉。即使在炎热的夏天，人们在冷色环境中，也会感觉到舒适。

▲「24mm | F10 | 2s | ISO100」此图是表现清晨海边的风景，整体的基调是较冷的青色，画面给人以寂静、清凉的感觉。

课后任务：拍出花卉的色彩

目标任务：

以花卉为练习题材，寻找花卉中存在的相邻色与对比色，通过构图或拍摄角度将其在画面中表现出来。

前期准备步骤：

1．选择拍摄镜头

标准镜头或微距镜头为最佳。

2．观察

细微地观察花卉的颜色及背景的颜色。例如，红色的花瓣与黄色的花蕊组合，蓝色的花朵、绿色的叶子以及蓝色的天空组合，这些都是相邻色的代表。而红色的花朵与绿色的叶子，橘色的花朵与蓝色的天空，这便是对比色的代表。

3．拍摄角度与构图

寻找到了画面的色彩，那么就需要选择合适的构图方式以及拍摄角度将其表现出来。例如，可以以特写来拍摄相邻色的花瓣与花蕊，以绿叶为背景来衬托红色的花卉，以仰视角度纳入天空来衬托花卉等。

相机实操步骤:

拍出花卉的色彩步骤:

1. 设置拍摄模式为光圈优先，并设置为较大的光圈，以获得小景深效果。
2. 在光线充足的情况下，可将感光度设置成为ISO100，以获得较高的画质。
3. 设置测光模式为中央重点/中央重点平均测光模式。
4. 将对焦点设置成为单点对焦（如追求较高的对焦精度，建议使用中央对焦点）。
5. 半按快门对要清晰表现的位置进行对焦，完全按下快门按钮完成拍摄。

第7章　构图的基本元素与原理

【学前导读】

通过对拍摄对象的了解，选择适合的构图形式对其进行表现，不论是单个的被摄对象，还是表现大场景的环境，对其进行合理的构图安排，才能得到精彩的画面。

【本章结构】

【学习要领】

1．知识要领

理解构图的结构成分、基本要素和构图形态

2．能力要领

熟悉运用各种构图技巧拍摄不同的对象，使画面更为合理、美观

7.1 主体、陪体、环境

7.1.1 主体

主体是指拍摄中所关注的主要对象，是画面构图的主要组成部分，是集中观者视线的视觉中心，也是画面内容的主要体现者，可以是人也可以是物，可以是任何能够承载表现内容的事物。

一张漂亮的照片会有主体、陪体、前景、背景等各种元素，但主体的地位是不能改变的，而其他元素的完美搭配都是为了突出主体，并以此为目的安排主体的位置、比例。

要突出主体，在摄影中可以采用多种手段，最常用的方法是对比，例如，通过虚实对比、大小对比、明暗对比、动静对比等。

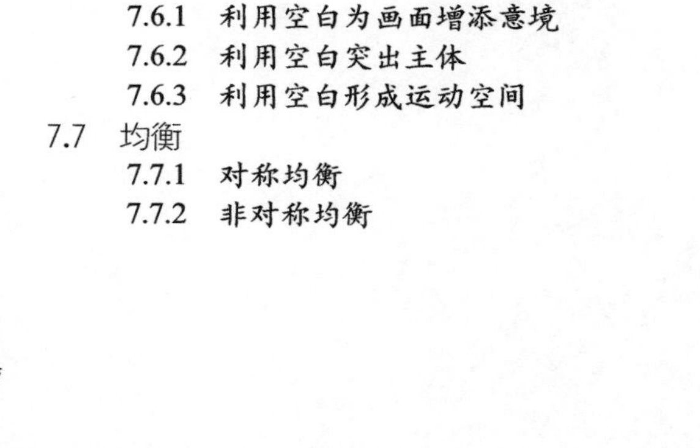

▲ 通过虚化背景来突出主体，是拍摄人像时的常用手法，虚化的背景将主体人物衬托得更加突出。

焦　　距▷135mm
光　　圈▷F3.5
快门速度▷1/80s
感 光 度▷ISO200

7.1.2　陪体

陪体在画面中起衬托的作用，正所谓“红花需绿叶扶”，如果没有绿叶的存在，再美丽的红花，也难免会失去活力。“绿叶”作为陪体时，它是服务于“红花”的，要主次分明，切忌喧宾夺主。

一般情况下，可以利用直接法和间接法处理画面中的陪体。直接法就是把陪体放在画面中，但要注意陪体不能压过主体，往往安排在前景或是背景的边角位置。间接法，顾名思义，就是将陪体安排在画面外。这种方法比较含蓄，也更具有韵味，形成无形的画外音，做到“画中有话，画外亦有话”。

▲ 画面的前景中色彩绚丽的树叶虽然占据画面的大部分空间，却没有喧宾夺主，反而起到衬托雪山的作用，传递出秋的气息

焦　　距 ▷ 35mm
光　　圈 ▷ F14
快门速度 ▷ 1/100s
感 光 度 ▷ ISO200

7.1.3　环境

环境是指靠近主体周围的景物，它既不属于前景，也不属于背景，环境可以是景、物，也可以是鸟或其他动物，环境起到衬托、说明主体的作用。

在一幅摄影作品中，我们除了可以看到主体和陪体以外，还可以看到作为环境的一些元素。这些元素烘托了主题、情节，进一步强化了主题思想的表现力，并丰富了画面的层次。

7.2 点、线、面

7.2.1 摄影中“点”的力量

点在几何学中的概念是没有体积，只有位置的集合图形，直线的相交处和线段的两端都是点。在摄影中，点强调的是位置。

从摄影的角度来看，如果拍摄的距离足够远，任何事物都可以成为摄影画面中的点，大到一个人、一间房屋、一只船等，只要距离够远，在画面中都可以以点的形式出现；同样的道理，如果拍摄的距离足够近，小的对象，比如说一颗石子、一个田螺、一朵小花，也是可以作为点在画面中存在的。

从构图的意义方面来说，点通常是画面的视觉中心，而其他元素则以陪体的形式出现，用于衬托、强调充当视觉中心的点。

▲画面中成群的水鸟形成了许多点，使静静的水面顿时热闹非凡。「焦距：400mm ｜光圈：F11 ｜快门速度：1/500s ｜感光度：ISO320」

➤ 选择具有形式美感的盛开的荷花作为拍摄主体，并给背景留下一定的空间，为荷花的左侧安排了一只被虚化的荷叶茎秆，在突出花朵主体的同时还打破了中心点构图的呆板。「焦距：200mm ｜光圈：F4 ｜快门速度：1/250s ｜感光度：ISO100」

7.2.2　最具美感的“线”

有形的线条与无形的线条

画面中的线条可分为两类，一类是有形线条，一类是无形线条。

有形线条一般指物体轮廓线或影调与影调间各自的界线，是人们把握一切物体形状的标准。有形线条直观、可视。

无形线条看不见摸不着，通常指彼此具有一定关系的物体构成的假定线条，如有规律排列的景物形成的虚线、人物的视线、动体的趋向线、动作线、事物之间的关系线等。无形的线条使画面更内敛、含蓄、有寓意，因此，在注意运用有形线条进行画面造型的同时，更要加强对无形线条的观察、提炼和运用的能力。

▲ 将观者视线引向大海深处的曲线石头路为画面增添了柔美感，避免了由一条海平线构成的呆板感。「焦距：20mm ｜光圈：f/13 ｜快门速度：30s ｜感光度：ISO100」

不同线条给人的感受

不同形状的线条，往往能引起观者不同的情绪和感受。当观者看到形状不同的线条时，往往会依据日常生活中视觉感知的经验，调动艺术想象力，为线条赋予情感与想象。

- 直线往往给人以刚直、有力感。
- 曲线往往给人以优美、圆润、优雅、律动的感觉。
- 垂直线条往往给人以崇高、庄严、向上、高大、稳定、刚毅的感觉。
- 水平线往往给人以安静、平稳、宽广、萧条的感觉。
- 波浪状线条给人以轻快流动、节奏平缓的感觉。
- S形线条给人以优美、抒情、流畅、轻快、曲折、富有节奏之感。
- 放射线条给人以热情奔放、活跃、向外辐射发散的感觉，有突出中心，向外扩展的视觉功能。
- 倾斜线条往往给人以运动、动荡、不安、倾倒、矛盾的感觉。
- X形线条给人以深远、空旷、纵深、遥远的感觉。
- 圆形线条往往给人以运动、滚动、圆满、优美、完满、舒适、柔和的感觉。

不同线条给人的不同感受是摄影师在构图时运用线条的依据，只有理解线条的属性，才能够通过运用线条，使画面更有美感并饱含情绪。

▲ 氤氲的湖面上，静静停靠的两叶小舟形成了一条无形的斜线，打破了湖面的平静。「焦距：200mm ｜光圈：f/7.1 ｜快门速度：1/20s ｜感光度：ISO100」

▲ 整齐的田埂由于透视效果形成了放射状的线条，画面看起来很有张力。「焦距：18mm ｜光圈：f/13 ｜快门速度：1/50s ｜感光度：ISO100」

7.2.3 大气宽广的“面”

面在摄影中可以作为元素的载体或画面的主体呈现，而面的形成则可以依据线条或色彩进行划分，划分后的画面呈现出不同的面的形式，不同的面在画面中具有不同的视觉倾向和视觉感受。此外，面可以是实体，也可以是虚体，尤其是面作为虚体的概念时，如果能够深入理解并掌握，就能够扩展摄影师的创作思路。

➤ 画面中的大沙丘被光分成了两个明暗不同的面，增加了画面的重量感和体积感。「焦距：18mm | 光圈：F13 | 快门速度：1/160s | 感光度：ISO100」

7.3 画面环境

7.3.1 前景

前景就是指位于被摄主体前面或靠近镜头的景物。在拍摄时所谓的前景位置并没有特别的规定，主要是根据被摄物体的特征和构图需要来决定的。在摄影中前景有几个重要的作用，下面来分别讲解。

利用前景辅助说明画面

前景可以帮助主体在画面中构成完整的视觉印象，因为有些拍摄题材，仅依靠画面主体很难说明事实全貌或事物，甚至使观者无法了解摄影意图。

利用前景辅助构图

前景可以用于辅助构图，如框形、圆形等构图方式，通常都需要用前景来帮助构图。

最常见的前景辅助构图方式是在拍摄城市风光时，画面的前景处安排人、物、花、树等景物，而在画面的背景处则是高楼大厦，用这样的构图来均衡画面，能够防止画面产生不稳定感。

用前景丰富画面的层次

前景可以用于丰富画面的影调、层次和色彩，如用深色的前景衬托较明亮的背景或主体，可以加强画面的透视纵深关系。

▲ 利用花朵作为前景，使模特置身于花海中，增强了画面空间感和层次感。

7.3.2 中景

中景是连接前景与背景的纽带。中景、前景及背景结合起来，可将平面的二维画面展现为三维空间效果，能增强画面的立体感。中景在画面中通常是指选取拍摄主体的大部分，从而将其细节表现得更加清晰，同时，画面中也会拥有一些环境元素，用以渲染整体气氛。

▲ 将人物放在中景的位置上，将背景与前景紧密联系起来，同时将画面的空间感很好地表现出来，渲染出清新自然的画面气氛。「焦距：85mm ｜光圈：F2 ｜快门速度：1/800s ｜感光度：ISO200」

7.3.3 背景

背景在一般情况下指的是处在画面主体后面的景物。背景作为画面的组成部分，主要起衬托主体形象、丰富画面、说明主体所处环境的作用。

一般情况下，背景宜选择与拍摄主题有联系的景物，这样才能起到更好的烘托作用。一般处理背景的技巧有：亮主体放在暗背景上；暗主体放在亮背景上；用光线照亮主体轮廓，突出主体。

➤ 以水面作为背景拍摄，使模特显得更加突出，同时也说明了拍摄地点。「焦距：50mm ｜光圈：F3.2 ｜快门速度：1/200s ｜感光度：ISO200」

7.4 景别

7.4.1 远景

拍摄远距离景物的广阔场面的画面称为远景，远景拍摄能够将画面主体全部纳入画面。

远景画面的特点是空间大、景物层次多、主体形象较小、陪衬景物多。远景能够在很大范围内全面地表现环境。拍摄远景是要表现画面的整体气势。正如绘画理论中提到的“远取其势”，所以摄影师要从大处着眼，以环境、气势取胜。

在构图时，还应关注画面中的线条、图案，如江湖河道走向，山岳起伏形成的线条，田野、特殊地形、云层彩霞形成的图案等。

焦　　距：18mm
光　　圈：F7.1
快门速度：1/640s
感 光 度：ISO100

远景拍摄使模特与环境很好地融合为一体，给观者一种亲近自然的感觉，画面温馨、浪漫。

7.4.2 全景

全景是指以拍摄主体作为画面的重点并全部显示于画面中，适用于表现主体的全貌，相比远景更易于表现主体与环境之间的密切关系。小到人像的全身照、几平方米的室内照，大到可容纳上千人的会场照、举办大型体育活动的场馆等类型的照片都可称之为全景照。所以也可以说全景的范围大小取决于拍摄对象的体积、面积。

全景拍摄的画面通常都会给人以完整、自然的感觉。但在拍摄时要注意主体与环境的结合，不要让过多的环境影响了主体的表现。

焦　　距：24mm
光　　圈：F22
快门速度：1/100s
感 光 度：ISO100

采用全景技法拍摄建筑的全景，并因其设计造型是对称的，所以采用了对称构图，以表现最完整的效果，凸显建筑的气势。

7.4.3 中景

中景是在有限的环境中表现某一对象的主要部分，既可以表现主体细节，又可以交待环境、故事情节及对象之间的联系等。

中景画面的主体比全景画面的主体要大且更突出，但画面容纳景物较少，在交待环境方面明显不足，不适合表现主体与环境。

报刊杂志用的新闻图片多数是中景，因为中景构图不但可以说明新闻的主要活动情节，而且对新闻背景、环境要素也可以有所交代。

焦　　距：135mm
光　　圈：F7.1
快门速度：1/400s
感 光 度：ISO320

中景的取景范围将更多的环境融入画面，模特自然的面部表情、随意的动作使得整个画面看上去非常和谐。

7.4.4 近景

采用近景景别拍摄时，环境所占的比例非常小，画面中只包括被摄体的主要部分，针对性较强，对主体的细节层次与质感表现较好，画面具有鲜明、强烈的感染力。

我国画论中有“近取其神”或“近取其质”的说法，就是指在近距离表现人像时应该表现其神情，如果表现的是其他对象，则应该考虑表现其质感纹理。

焦　　距：150mm
光　　圈：F6.3
快门速度：1/250s
感 光 度：ISO100

使用近景景别拍摄老人，突出了老人花白的胡须，黝黑、沧桑的皮肤质感。

7.4.5 特写

特写可以说是专门为刻画细节或局部特征而使用的一种景别，在内容上能够以小见大，而对于环境，则表现得非常少，甚至完全忽略了。

对于其质与神的表现则更加细致入微与传神，从而引起共鸣、彰显主体。

由于特写只能表现对象的某一部位，如一件物品、一个建筑或一个人的局部，无法表现环境，因此拍摄特写应在“特”字上下功夫。

例如，要表现人像的局部，一定要有特殊的神态表情或身体细节，如果表现的是物品，应该要表现其特殊的纹理层次，从而使特写画面的清晰度、细节鲜明突出，给观者带来强烈的视觉印象。

焦　　距：85mm
光　　圈：F4.5
快门速度：1/160s
感 光 度：ISO100

焦　　距：200mm
光　　圈：F4
快门速度：1/125s
感 光 度：ISO100

▼将镜头对准人物手部进行拍摄，使用柔和的光线将其手部质感表现出来，画面看似普通，但无论是从手部摆姿还是饰品、手中的碗来看，都经过了摄影师的精心布置，给人的感觉非常舒服。

▲以特写的角度拍摄女性的嘴唇，柔和、流畅的面部曲线给人柔美的曲线美感，鲜艳的红唇质感突出，给人以性感妩媚的感觉。

7.5 对比/和谐之比

7.5.1 虚实对比

人们在观看照片时，很容易将视线停留在较清晰的对象上，而对于较模糊的对象，则会自动地“过滤掉”，虚实对比的表现手法正是根据这一原理得来的，即让主体尽可能地清晰，而其他对象则尽可能地模糊。

要获得虚实对比的效果，最常用的是采用大光圈虚化主体，或采用长焦镜头拍摄主体，使背景被虚化。

▲ 采用虚实对比的手法表现晶莹的露珠，在虚化背景的衬托下，露珠得到了清晰呈现。

7.5.2 色彩对比

最容易形成对比的方式就是利用颜色形成对比，例如黑与白、红与绿等都可以在颜色上形成对比。摄影师在构图时可以通过将形成颜色对比的景物安排在最恰当的位置，从而形成画面的视觉中心点。

▲ 仰视拍摄郁金香，鲜艳的花朵与蓝天形成冷暖对比，从而使花朵更加突出，同时更加吸引观者的目光。「焦距：45mm | 光圈：F7.1 | 快门速度：1/180s | 感光度：ISO200」

7.5.3　大小对比

大小对比通常指的是利用景物自身的大小特征或借助镜头的透视效果和不同的拍摄位置来强调获得主体与陪体间的大小对比关系。

当然，也可以指主体与背景的大小关系，在较大的简洁画面空间中纳入较小的主体。在强调主体呈现的同时，还可以获得意义深刻的画面效果。在具体运用时，可以用小衬大，此时大的对象是表现主体；也可以用大衬小，此时小的对象是表现主体。

在拍摄风光时，拍摄对象的大小并不受我们的控制，但我们可以充分运用近大远小这种透视关系，来间接地改变对象的大小。例如在相机位置不变的情况下，使用50mm镜头与300mm镜头拍摄的太阳，在最终画面中呈现出来的太阳肯定是有着极大的差别的。

焦　　距：18mm
光　　圈：F7.1
快门速度：1/125s
感 光 度：ISO100

▲ 利用广角镜头记录下建筑与游人，使画面形成了明显的大小对比，突出表现了建筑的高大与宏伟。

7.5.4　动静对比

动静对比是利用图像中运动与相对静止的物体之间的动态关系进行对比。动静对比可以使画面更具节奏与韵律、对称与均衡感；动与静的对比适于拍摄有多个主体的题材，例如拍摄成群的鸟时，运用动静对比可以创作出富有新意的画面。

动与静这一对矛盾体在画面中交相映衬、互相协调，使得平稳的画面中不至过于统一而缺乏变化，使画面主体更加突出。

▲ 采用追随摄影技巧拍摄，儿童显得非常清晰，而原本静止的背景出现了动态的模糊，画面中的主体非常突出，画面具有很强的视觉冲击力。「焦距：18mm ｜光圈：F8 ｜快门速度：1/10s ｜感光度：ISO100」

7.6 留白

留白，即画面中实体对象之外的空白部分。留白一般由单一色调的背景组成，在画面中形成空隙。留白的部分可以是天空、草原等。留白部分在画面已不显现出原来的实体对象，仅仅是在画面中形成单一的色调来衬托其他的实体对象。

7.6.1 利用空白为画面增添意境

中国画论中有“画留三分空，生气随之发”的说法，指的是在画面里留出空白，可以表达画面之外的深邃意味。这样的空白既可以理解为“什么都没有”，也可以理解为“什么都有”，其意在于引导观者依靠自己的艺术素养进行联想，使观者感受到此时无声胜有声的意境。例如，西方雕塑断臂维纳斯的残缺美就给观者留下了深刻的印象，更重要的是给观者以想象的空间。

由于绘画与摄影同为视觉艺术，因此留白理论同样适用于摄影。在摄影中，刻意留白可以起到营造意境的作用，使画面一目了然，倍显空灵。

在此需要强调的是，空白不一定是纯白或纯黑，只要色调相近、影调单一、从属于衬托画面实体形象的部分，如天空、草地、长焦虚化的背景物等，都可称为空白。

▲ 拍摄萦绕在山间的云雾时，可借助于留白构图来表现，在若隐若现的山峦和绚丽的夕阳衬托下，画面看起来更有意境，云雾更为缥缈。「焦距：30mm ｜光圈：f/10 ｜快门速度：9s ｜感光度：ISO100」

7.6.2　利用空白突出主体

主体周围留有一定的空白，可以使主体更加醒目。例如，在拍摄人像时，如果人物处在杂乱的背景中，主体地位就会被影响。如果人物处于单一色调的背景中，就会在人物的周围形成一定的空白，对于人物的表现力就会增强。

在较远的距离进行拍摄，将人物放置在画面的右下角，因此天空占据了画面一半以上的空间，利用高远的天空与辽阔的海面来烘托画面气氛，给人以浪漫的画面意境。「焦距：24mm ｜光圈：F9 ｜快门速度：1/400s ｜感光度：ISO100」

7.6.3　利用空白形成运动空间

如果在运动对象的前方留白，将能够形成有效的运动空间，帮助观者感受运动对象的运动趋势。这十分符合观者的视觉习惯，不会由于视线受阻而产生不舒适的感觉。

另外，在物体的光线入射方向也应留出较多的空白，避免“闭门思过”式的画面构图，但在谋求画面特殊效果时例外。

拍摄飞行中的鸟儿时，为其前方留出了空间，不仅使运动有空间感，在视觉上也使人感觉很舒服。「焦距：500mm ｜光圈：f/6.3 ｜快门速度：1/1250s ｜感光度：ISO400」

7.7 均衡

均衡即平衡，区别于对称的特点是，均衡并非是左右两边同样大小、形状和数量的相同景物的排列，而是利用近重远轻、近大远小、深重浅轻等符合一般视觉习惯的透视规律，让异性、异量的景物在视觉上相互呼应。当然，对称也是均衡的一种表现形式。

7.7.1 对称均衡

对称是美学中经常使用的表现方法之一，往往能塑造很强的形式感，传达严肃、平衡的感觉。不过作为一种古老的美学理念，有时绝对的对称可能会让画面感觉乏味，在对称环境中，加入适当的变化，可以改变呆板的构图，为画面增加活力。

▲ 利用水面的倒影使海面上的船只形成对称式构图，画面给人一种严肃、平衡的感觉。「焦距：30mm ｜光圈：F11 ｜快门速度：1/100s ｜感光度：ISO100」

7.7.2 非对称均衡

非对称均衡着力于避免倾斜，给画面以平衡、稳定的感觉。实现非对称式的均衡，最重要的是找好均衡点。只要景物的位置合适，小的物体可以和大的物体均衡，远处的景物可以和近处的景物均衡，非生物体可以和生物体均衡。

▲ 使用广角镜头拍摄雪山时，将雪山的重心放在画面的右上角，通过左下角前景的纳入，画面产生了非对称均衡的效果。「焦距：24mm ｜光圈：F11 ｜快门速度：1/320s ｜感光度：ISO200」

课后任务：长时间曝光溪流与岸边植物形成动静对比

目标任务：

利用长时间的曝光得到有动感效果的丝绸般的溪流效果，在构图时纳入旁边的绿植，使其与动感溪流形成动静对比。

前期准备步骤：

1. 选择合适的镜头

由于需要将环境也纳入画面中，应尽量选择35mm左右的广角镜头。

2. 选择适合的附件

由于特殊的画面需求，需要使用到三脚架来固定相机，为了延长曝光时间，还应以中灰镜来减少镜头的进光量。

3. 选择合适的拍摄环境

为了得到美观的画面，应选择绿植较多的环境。还要确保拍摄的安全性，选择一处较平稳的地方安置三脚架。

相机实操步骤：

长时间曝光拍摄溪流步骤：

1. 使用三脚架保持相机稳定。

2. 选择快门优先模式，并设置快门速度值为1s或更低。

3. 设置感光度数值为最低感光度ISO100（少数中高端相机也支持ISO50的设置），以保证成像质量，同时降低单位时间内的进光量。

4. 如果要进行数秒甚至更长时间的曝光，建议打开长时间曝光噪点消减功能。

5. 设置测光模式为矩阵/评价测光，对拍摄对象进行构图并激活相机（半按快门）进行测光，由于白天的光线比较充足，很容易由于快门速度过低导致曝光过度，因此要特别注意。

6. 如果有曝光过度的问题，可以在镜头前加装偏振镜（约降低1挡进光量）、中灰镜（根据型号不同，可以降低数倍的进光量），另外，很多变焦镜头在长焦端可以调整至F32甚至更小的光圈，也是防止曝光过度的好方法。

7. 确定曝光没问题后，即可半按快门对拍摄对象进行对焦。

8. 保持半按快门可移动相机重新进行构图，确认后按下快门即完成拍摄（为避免手按快门时产生震动，推荐使用快门线或遥控器来控制拍摄）。

第8章　14种常用构图形式

【学前导读】

构图也有规律可循吗？什么是让人感觉最舒服的画面？不同题材的景物有各自不同的构图规律吗？拍摄前应该多了解一些基本的构图形式并对被摄对象的特点有所了解，以便更好地突出被摄对象的特点。

【本章结构】

【学习要领】

1．知识要领

- 了解基本构图的几种形式
- 掌握构图的基本规律和方法

2．能力要领

灵活运用构图的基本形式进行作品创作

8.1 黄金分割构图

8.1.1 什么是黄金分割

黄金分割是一种由古希腊人发明的几何学方法，其数学解释是将一条线段分割为两部分，使其中一部分与全长之比等于另一部分与这部分之比。其比值的近似值是 0.618，由于按此比例设计的造型十分美丽，因此这一比例被称为**黄金分割**。

“黄金分割”公式也可以由一个正方形来推导，将正方形底边分成二等分，取中点 x，以 x 为圆心，线段 xy 为半径画圆，其与底边直线的交点为点 z，这样将正方形延伸为一个比率为 5:8 的矩形，点 y 即为“黄金分割点”，即 a:c = b:a = 5:8。

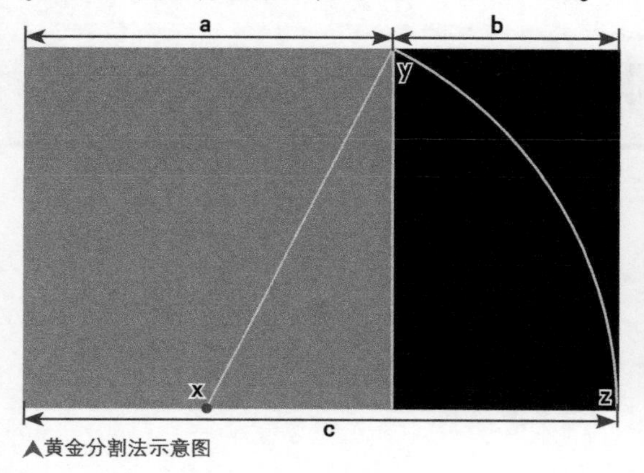

▲黄金分割法示意图

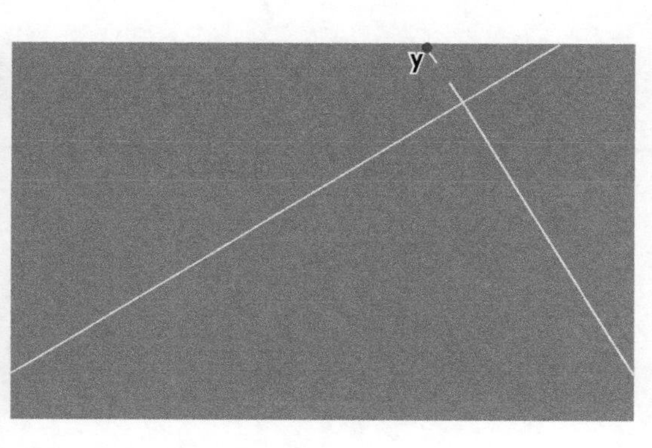

▲黄金分割的另一种形式示意图

8.1.2 在拍摄中如何应用黄金分割

黄金分割构图对于摄影构图有明显的美学价值，主要表现在以下3个方面（如右图所示）：

01 用于确定画幅比例，如竖画幅的高8与宽5，横画幅的高5与宽8。

02 用于确定地平线或水平线的位置，如拍摄水面在画面中占5，天空占8；或水面占8，天空占5，两种视觉效果各不相同。

03 还可以用于确定主体在画面的视觉位置，这一部分可以参考“井”字格构图。

运用黄金分割法构图时，摄影师可将画面表现的主体放置在画面横竖三分之一等分的位置上或者其分割线交叉产生的四个交点位置上，处于画面视觉兴趣点上，以引起观者的注意，同时避免长时间观看而产生的视觉疲劳。

例如，当被摄对象以线条的形式出现时，可将其置于画面三等分的任意一条分割线位置上；当被摄对象在画面中以点的形式出现时，则可将其置于三等分的分割线四个交叉点位置上。运用黄金分割法构图，不仅可避免画面的呆板无趣，而且会使其更具美感、更加生动。

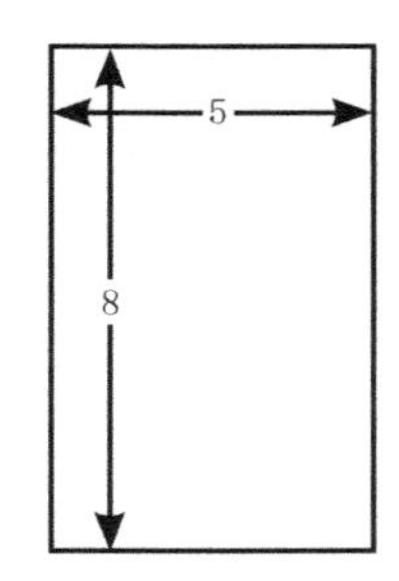

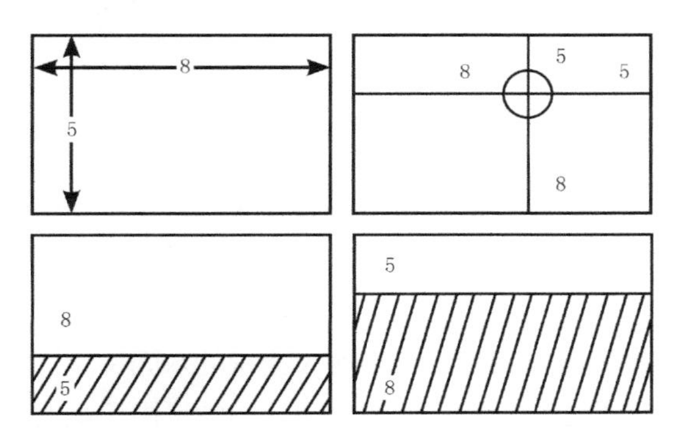

焦距：32mm
光圈：F4
快门速度：1/800s
感光度：ISO400

▲ 黄金分割构图避免了画面的呆板，而在前景处奔跑的小狗又让画面的氛围变得有动有静，十分耐看。

8.2 水平线构图

水平线构图，即通过构图手法使主体景物在画面中呈现为一条或多条水平线的构图手法。水平线构图是典型的安定式构图，常用于表现表面平展、广阔的景物，如海面、湖面、草原、田野等题材。

采用这种构图的画面能够给人以娴雅、幽静、安闲、平静的感觉。

当水平线与画面的水平边框重合在一起时，能使画面具有明显的横向延伸形式感，如果在画面中有多条水平线，则能够起到强调这种感觉的作用。

根据水平线位置的不同，可分为高水平线构图、中水平线构图和低水平线构图。

8.2.1 高水平线构图

高水平线构图是指画面中主要水平线的位置在画面靠上1/4 或1/5 的位置。高水平线构图与低水平线构图正好相反，主要表现的重点是水平线以下部分，例如大面积的水面、地面，采用这种构图形式的原因，通常是由于画面中的水面、地面有精彩的倒影或丰富的纹理、图案细节等。

▲为了表现平静的水面，可降低拍摄角度，并将水平线提高以增加水面的面积。

焦　距▷16mm
光　圈▷F14
快门速度▷1/200s
感 光 度▷ISO100

8.2.2　中水平线构图

中水平线构图是指画面中的水平线居中，以上下对等的形式平分画面。采用这种构图形式的原因，通常是为了拍摄到上下对称的画面，这种对象有可能是被拍摄对象自身具有上下对称的结构，但更多的情况是由于画面的下方水面能够完全倒影水面上方的景物，从而使画面具有平衡、对等的感觉。**值得注意的是，中水平线构图不是对称构图，不需要上下的景物一致。**

8.2.3　低水平线构图

低水平线构图是指画面中主要水平线的位置在画面靠下1/4或1/5的位置。采用这种水平线构图的原因是为了重点表现水平面以上部分的主体，当然在画面中安排出这样的面积，水平线以上的部分也必须具有值得重点表现的景象，例如，大面积的天空中漂亮的云层、冉冉升起的太阳等。

焦　　距 ▷ 20mm
光　　圈 ▷ F8
快门速度 ▷ 1/160s
感 光 度 ▷ ISO100

◀ 利用低水平线构图拍摄画面，将大面积篇幅用来表现天空，突出了天空中的云霞，而画面前方伸向水中的木桥则起到增加画面纵深感的作用。

8.3 对角线构图

将被摄对象的线条走向置于画面对角线的位置上，这种构图方式可以使画面中被摄物具有明显方向感，同时能够增加画面的力量感与动感，特别适合于表现有延伸感的景物。

▲ 摄影师故意倾斜相机使建筑在画面中形成对角线构图，画面从而有了延伸感的视觉效果。

8.4 对称式构图

对称式构图是指画面中两部分景物以某一根线为轴，在大小、形状、距离和排列等方面相互平衡、对等的一种构图形式。

通常采用这种构图形式来表现拍摄对象上下（左右）对称的画面，这些对象本身就有上下（左右）对称的结构，如鸟巢、国家大剧院就属于自身结构是对称形式的。因此，摄影中的对称构图实际上是对生活中美的再现。

还有一种对称式构图是由主体与水面或反光物体形成的对称，这样的画面给人一种谐调、平静和秩序井然之感。

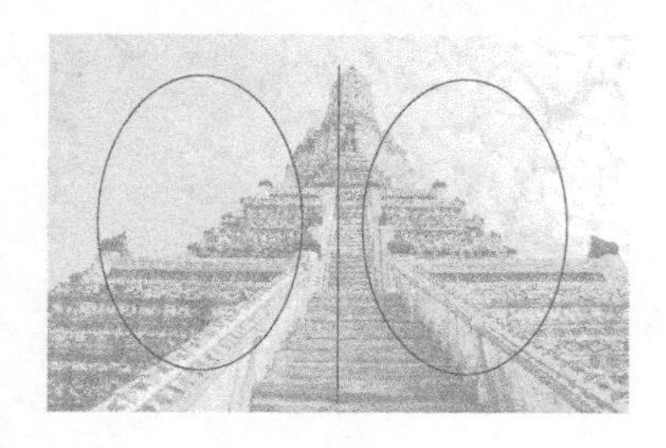

焦　　距：18mm
光　　圈：F8
快门速度：1/500s
感 光 度：ISO100

▲ 用严谨的对称构图表现建筑，画面无言地传达着庄严、神圣的气氛，让观者肃然起敬。

8.5　垂直线构图

垂直线构图，即通过构图手法使主体景物在画面中呈现为一条或多条垂直线，以表现高耸、向上、坚定、挺拔感觉的一种构图手法。采用这种构图的照片画面整体呈竖向结构，常用于表现参天的大树、垂挂的瀑布、仰拍的楼体、人物等竖向垂直、细高的拍摄对象。

如果要表现向上生长的树木及其他竖向式的景物，可以使用上下穿插直通到底的垂直线构图，让观者的视线超出画面的范围，感觉到画面中的主体可以无限延伸。

因此照片顶上不应留有白边，这样才能给人以形象高大、上下无限延伸的感觉；否则观者在视觉上就会产生“到此为止”的感觉。

焦　　距 ▷ 33mm
光　　圈 ▷ F8
快门速度 ▷ 1/100s
感 光 度 ▷ ISO250

▲ 拍摄树林时截取树干部分进行拍摄，使画面形成垂直线构图，这样的画面使树木产生了向上无限延展的视觉效果，地面上的紫色小野花则起到点缀画面的作用。

8.6 斜线构图

斜线构图，即画面中的主体形象呈现为倾斜的线条。

斜线构图能够表现出运动感，使画面在斜线方向有视觉动势和运动趋向，从而使画面充满了强烈的运动速度感。拍摄激烈的赛车或其他速度型比赛时，常用此类构图。

例如，使用这种构图拍摄茅草，能够体现轻风拂过的感觉，为画面增加清爽的气息。

▲ 从侧面角度拍摄跨江大桥，使桥体在画面中形成一条斜线，构成斜线式构图，从而增加了画面的空间纵深感和动感。

焦　距 ▷ 21mm
光　圈 ▷ F8
快门速度 ▷ 1/3s
感 光 度 ▷ ISO100

8.7 S形曲线构图

S形曲线构图能够利用画面结构的纵深关系形成S形，使观赏者在视觉上感到趣味无穷，在视觉顺序上对观者的视线产生由近及远的引导，诱使观者按S形顺序，深入到画面里，给画面增添圆润与柔滑的感觉，使画面充满动感和趣味性。

因此这种构图不仅常用于拍摄河流、蜿蜒的路径等题材，在拍摄女性人像时也经常使用，以表现女性婀娜的身材。

➤ 模特优美的身姿形成了S形构图，给画面带来动感效果，将女性的曲线美充分展现出来。

焦　距 ▷ 50mm
光　圈 ▷ F3.2
快门速度 ▷ 1/200s
感 光 度 ▷ ISO100

8.8 三角形构图

三角形能够带给人向上的突破感与稳定感，将其应用到构图中，会给画面带来稳定、安全、简洁、大气之感。在实际拍摄中会遇到多种三角形形式，例如正三角形、倒三角形等。

8.8.1 正三角形构图

正三角形相对于倒三角形来讲更加稳定，带给人一种向上的力度感，在着重表现高大的三角形对象时，更能体现出其磅礴的气势，是拍摄山峰常用的构图手法。

▲ 使用正三角形构图拍摄，给画面带来稳固、大气之感。

8.8.2 倒三角形构图

倒三角形在构图应用中相对较为新颖，相比正三角形构图而言，倒三角形构图给人的感觉是稳定感不足，但更能体现出一种不稳定的张力，以及一种视觉以及心理的压迫感。

▲ 情侣相握在一起的手形成了倒三角形构图。

8.8.3 侧三角形构图

侧三角形构图在画面中可以形成势差的斜线，能够打破画面的平淡和静止状态，强调画面中产生势差的上方与下方的对比，从而在画面视觉中形成一种不稳定的动感趋势。在采用这种构图方式时，通常可以在画面中安排一些特别的元素，以打破三角形的整体感，使画面更灵活。

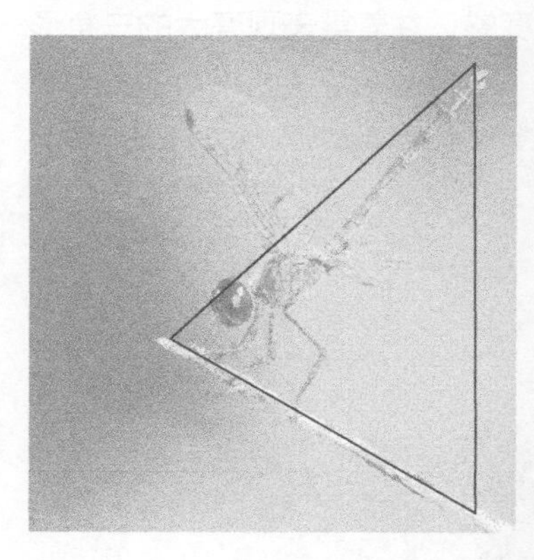

➤ 在树枝上憩息的蜻蜓与倾斜的树枝在画面中形成侧三角形状，蜻蜓正在张开的翅膀给人一种不稳定的动感趋势。

8.9 放射线构图

在大自然中可以找到许多表现为放射状的景象，如开屏的孔雀、芭蕉叶子的纹理、盛开的花朵等 ，在拍摄这些对象时，最佳构图方式莫过于利用其自身线条塑造放射线构图。

根据视觉倾向，放射线能够表现出两类不同的效果：一类是向心式的，即主体在中心位置，四周的景物或元素向中心汇聚；另一类是离心式的，即四周的景物或元素背离中心扩散开来。

向心式放射线构图能够将观者的视线引向中心，但同时产生向中心挤压的感觉。

离心式放射线构图具有开放式构图的功效，能够使观者对于画面外部产生兴趣，同时使画面具有舒展、分裂、扩散的感觉。

▲ 仰视拍摄树木形成放射线构图，强调树木向上的力度感，增强树木高耸的视觉感受。「焦距：16mm ｜光圈：F8 ｜快门速度：1/500s ｜感光度：ISO200」

8.10 透视牵引线构图

透视牵引线构图，即通过构图使画面中主体或陪体的轮廓线条呈现近大远小的透视效果，从而突出画面纵深感的构图手法。

在平面的图像中表现三维空间并不是一件容易的事。要使照片具有空间感、立体感，须依赖透视规则。当画面中的景物有明显的近大远小或近实远虚效果时，观者就会感受到照片的空间感。

这种构图手法，常用于拍摄桥梁或笔直的道路，可使画面具有很强的纵深感的同时，增强画面尽头的神秘感、未知感。

▲ 使用广角镜头拍摄，岸边的木桥在强烈的透视下形成了近大远小的效果，将观者的视线引导向湖水的更深处。「焦距：16mm ｜光圈：f/11 ｜快门速度：1/15s ｜感光度：ISO200」

8.11 散点式构图

散点式构图就是以分散的点的形状构成画面，其主要特点是“形散而神不散”。就像珍珠散落在银盘里，整个画面景物有聚也有散，既存在不同的形态，又统一于照片的背景中。

散点式构图最常用于以俯视的角度拍摄地面的牛群、羊群、马群或草地上星罗棋布的花朵。

▲ 以垂直俯视的角度拍摄的遍地鲜花，散点式构图的画面看起来很有韵律美感。「焦距：100mm ｜光圈：f/4 ｜快门速度：1/100s ｜感光度：ISO100」

8.12 紧凑式构图

紧凑式构图通常用来拍摄数量较多的被摄物，如瓜果蔬菜等。不留空白的画面会给人一种丰收充实的感觉。由于画面被塞得满满当当的，所以不会出现不稳定的问题。但是密密麻麻的物体容易造成视觉上的憋闷，拍摄时应注意从用光方面缓解这一弊端。

▲ 画面被大量的水鸟占满，从而形成了紧凑式构图，表达出了水鸟的数量之多。

焦　　距：300mm
光　　圈：F13
快门速度：1/1000s
感 光 度：ISO100

8.13 框架式构图

框架式构图是指通过安排画面中的元素，在画面内建立一个画框，从而使视觉中心点更加突出的一种构图手法。框架通常位于前景，它可以是任何形状，例如窗、门、树枝、阴影和手等。

框架式构图又可以分为封闭式与开放式两种形式。

封闭式框架式构图一般多应用在前景构图中，如利用门、窗等作为前景来表达主体，阐明环境。

开放式框架式构图是利用现场的周边环境临时搭建成的框架，如树木、手臂、栅栏，这样的框架式构图多数不规则及不完整，且被虚化或以剪影形式出现。这种构图形式具有很强的现场感，可以使主体更自然地被突出表现，同时还可以交代主体周边的环境，画面更生动、真实。

▲ 利用石洞作框，拍摄时针对洞外的景物进行测光，导致洞内景物曝光不足变暗，很好地突出了洞外的景物，集中了观者的视线。

焦　　距：24mm
光　　圈：F10
快门速度：1/320s
感 光 度：ISO200

课后任务：低水平线构图表现漂亮的云彩

目标任务：

将天空最美的云彩利用合适的构图记录下来，并且尽量使画面精细。

前期准备步骤：

1．选择适合的定焦镜头

选择焦距为50mm、85mm的定焦镜头。

2．选择合适的时间和季节

漂亮的云彩通常出现在傍晚，太阳刚刚落下去的时候，此时天空还较亮，太阳的余晖将天空的云彩渲染得特别绚丽，而在湿气较大的时候，例如雨后，云彩就会比较多。

3．设置照片风格

可将照片风格设为风景模式，此模式下拍出的画面颜色饱和度较高，画质也比较精细。

4．选择合适的感光度

由于是在傍晚拍摄云彩，在光线不够充足的环境下拍摄时，应尽量设置较低的感光度，以确保画面的精细度，如果快门速度不够，可使用三脚架来固定相机。

5．利用低水平线构图来表现云彩

由于主体是天空的云彩，因此为了更多地表现云彩，应以低水平线来构图。

相机实操步骤：

云彩拍摄步骤：

1. 设置拍摄模式为光圈优先，并设置光圈值为F8~F16，以保证足够的景深。
2. 在光线充足的情况下，可以将感光度设置成为ISO100，以获得较高的画质。
3. 设置测光模式为矩阵/评价测光。
4. 为保证拍摄到洁白的云彩，可适当增加0.3~1.7挡的曝光补偿。
5. 激活相机（半按快门）对云彩进行测光。
6. 半按快门对拍摄对象进行对焦。
7. 对焦成功后，保持半按快门状态并移动相机重新构图，然后按下快门即完成拍摄。

第9章　唯美人像、可爱宝贝拍摄技巧

【学前导读】

无论拍摄亲爱的朋友还是可爱的宝贝，除了拍得美，还要拍得传神，通过本章的人物摄影学习，可避免一些拍摄时会出现的小问题，并通过使用一些拍摄小技巧，让画面更加漂亮。

【本章结构】

【学习要领】

1．知识要领

- 人像拍摄的基本技巧
- 人像构图的基本技巧
- 如何把人拍得美、身材更加修长
- 拍摄孩子的技巧

2．能力要领

掌握将人像拍得白皙、修长的技巧，和模特进行沟通后拍摄有个性的人像照片

9.1 简单3招拍出白皙皮肤

9.1.1 增加曝光补偿

曝光补偿是指在相机测得的曝光组合基础上增减曝光量，以获得需要的画面效果，是微调画面曝光量的方法。

拍摄人像时，在获得正常曝光的基础上，适当地增加1/3~2/3挡的曝光补偿，可以使模特的皮肤比正常曝光条件下要白皙、柔滑许多，而且皮肤上的一些小瑕疵也能淡化。

焦　距：135mm
光　圈：F2.8
快门速度：1/200s
感 光 度：ISO125

增加曝光补偿后可使画面亮度提高，使模特的皮肤看起来更加白皙、娇嫩。

9.1.2 反光板

反光板在人像摄影中经常被使用，例如直接对着被摄者使用闪光灯时，会在人物脸上留下难看的阴影，影响画面的美感，另外，闪光灯的投影较为生硬，会使画面留下较强的人工补光痕迹，显得不够自然。

而使用反光板反射闪光灯的光线，作为辅助光线对人物的另一面（阴影面）进行补光，可以淡化被摄者脸部的阴影，提亮暗部，缩小明暗的差距，使画面看起来更自然。此外，反光板还经常被用来打亮眼神光，提亮人物面部等。

焦　　距：113mm
光　　圈：F4.5
快门速度：1/200s
感 光 度：ISO200

➤ 使用反光板为人物补光，并缩小一定的光圈，保持对背景的曝光不变，使人物主体更明显，皮肤看起来也更细腻一些。

9.1.3 柔光

对于人像摄影，尤其是拍摄少女，阴天可以算是理想的拍摄天气。阴天时，强烈的阳光在传播的过程中发生了散射，使其不再强烈和生硬，而变得温婉、柔和，在这种光线条件下拍摄的人像照片，人物皮肤多呈现出细腻而柔和的质感。

阴影处反射的光线和阴天的光线虽然都拥有柔和的特性，但是相比之下阴天的光线更加明亮，同时，由于反射光量要远比阴影处的光量多，也更加柔和，所以阴天的光线更受到人像摄影师的喜爱。此外，早上十点前或者下午四点后的光线，由于类似于阴天的光线，因此也较为适合拍摄人像。

➤ 阴天拍摄人像，柔和的散射光使人物面部明暗反差缩小，画面看起来更加柔美。「焦距：200mm ｜光圈：F3.2 ｜快门速度：1/400s ｜感光度：ISO100」

9.2 简单3招拍出修长身材

9.2.1 斜线构图

斜线构图在人像摄影中经常用到。当人物的身姿或肢体动作以斜线的方式出现在画面中，并占据画面足够的空间时，就形成了斜线构图方式。斜线构图所产生的拉伸效果，对于表现女性修长的身材或者对拍摄对象身材方面的缺陷进行美化具有非常不错的效果。

焦　　距▷32mm
光　　圈▷F4
快门速度▷1/80s
感 光 度▷ISO200

➤ 采用倾斜角度拍摄人像，使人物的身材显得更加修长，起到增加画面美感的作用。

9.2.2 仰视拍摄

仰视拍摄手法可以使被摄人物的腿部更显修长，将被摄人物的身形拍摄得更加苗条。因此，如果模特的身高不太理想，可以采用这种视角在一定程度上进行弥补。

拍摄时摄影师可以引导模特站在高于地平面的位置，这样更容易形成仰视效果，同时还要注意背景不要太乱，以简洁突出主体为主。

虽然说近距离的仰视拍摄能够表现某种戏剧化的夸张效果，增强画面的视觉冲击力。但是，这种拍摄手法会使人物面部表情太过夸张，会出现明显变形，在不合适的场景拍摄有可能会扭曲或丑化人物主体，所以应谨慎使用。

焦　　距：24mm
光　　圈：F5
快门速度：1/50s
感 光 度：ISO640

➤采用仰视角度并使用广角镜头靠近模特拍摄，人物的身体比例得到了拉伸，增强了画面的视觉冲击感。

9.2.3　广角拉伸

使用广角或超广角镜头拍摄的照片都会有不同程度的变形，如果要拍摄写实人像，则应该避免使用广角镜头。但如果希望拍出有强烈空间感的人像照片，则可以考虑使用广角镜头。

此外，利用广角镜头的变形特性，还可以修饰模特的身材。在拍摄时只要将模特的腿部安排在画面的下三分之一处，就能够使其看上去更修长。

在使用镜头的广角端拍摄人像时，应注意如下两点。

1. 拍摄时要距离模特比较近，这样才可以充分发挥广角端的特性，对模特的身材进行修饰。如果使用广角端拍摄时距离模特较远，则要注意人像主体的背景，不能够纳入杂乱背景，以避免干扰主体人像。

2. 使用广角镜头拍摄比较容易出现暗角现象，此时应该为广角镜头配备专用的遮光罩，并注意不要在广角全开时使用，从而避免由于遮光罩的原因所产生的暗角问题。

焦　　距：16mm
光　　圈：F2.8
快门速度：1/640s
感 光 度：ISO200

用广角镜头在一个较低的位置以仰视的角度拍摄人像，夸张的透视效果将女孩的身体表现得很修长。

9.3 简单4招虚化背景

景深是指画面中主体景物周围的清晰范围。通常将清晰范围大的称为大景深，清晰范围小的则称为小景深。人像摄影中以小景深最为常见，小景深能够更好地突出主体、刻画模特。

9.3.1 大光圈

光圈越大，光圈数值越小（如F1.8、F2.2等），景深越小；光圈越小，光圈数值越大（如F18、F22等），景深越大。要想获得浅景深的人像照片，首先应考虑使用大光圈进行拍摄。相对于其他获得浅景深的方法，使用大光圈得到的虚化效果更为柔美、圆润。

焦　　距：100mm
光　　圈：F2
快门速度：1/320s
感 光 度：ISO200

➤ 大光圈在人像摄影中常用到，可以虚化杂乱的环境，使模特在画面中显得更加突出。

9.3.2 长焦镜头

镜头的焦距越长（如180mm、200mm等），景深越小；镜头的焦距越短（如18mm、35mm等），景深越大。根据这个规律，在拍摄人像时就可以使用长焦镜头来获得较小的景深。而长焦镜头搭配大光圈的使用，其虚化效果会更好，例如使用70~200mm F2.8镜头时，使用200mm焦距搭配F2.8的大光圈，拍摄出的背景虚化效果将更显圆润。

焦　　距：200mm
光　　圈：F2.8
快门速度：1/1250s
感 光 度：ISO200

➤ 长焦镜头不仅可以拉近拍摄，配合大光圈还可以得到浅景深的画面，使模特更显突出。

9.3.3 靠近人物

想要获得浅景深的背景虚化效果，最简单的方法就是在模特和背景距离保持不变的情况下，让相机靠近模特，这样可以轻易获得浅景深的效果，人物较突出，背景也得到了很自然的虚化效果。

当然，这样做的代价就是需要缩小取景范围并重新考虑构图，因此应该根据个人的拍摄需求选用。

➤ 相机越靠近模特，浅景深的效果就越明显，虚实的对比使模特在画面中显得很突出。

➤ 模特与相机的距离较远，所拍摄画面的背景虚化效果不明显。

9.3.4 远离背景

改变模特与背景间的距离，也是获得浅景深的方法之一。安排模特与背景保持一定的距离，也一样可以获得完美的浅景深效果。简单来说，模特离背景越远，就越容易形成浅景深，从而获得更大的虚化效果。

▲ 模特离背景越远，背景越模糊，浅景深的画面效果越明显。

焦　　距：200mm
光　　圈：F3.2
快门速度：1/500s
感 光 度：ISO100

◀ 模特离背景很近，背景很清晰，浅景深的效果不明显。

9.4 唯美的摆姿

9.4.1 站姿

人站着的状态可能不是最舒适的，但却是形体最舒展，最能表现人体构造和曲线的状态，所以人像摄影师也最爱拍这种姿势。好的肢体动作能为站姿增色不少，所以聪明的模特懂得如何协调自己的肢体并摆出最自然的动作。

在摆站姿时，为了表现出模特修长的美腿与纤细的腰身，模特可以将重心放在远离镜头的脚上，靠近镜头的脚则稍微弯曲，并让脚尖轻轻着地。

站立时，靠近镜头的手最好要有动作，千万不要把手平摆在腰间，这样看起来会比较死板，而且会干扰腰部曲线的呈现。

9.4.2　坐姿

无论是坐在椅子上还是台阶上，均要注意不要坐满。因为一旦整个臀部坐实、坐满，就会压到大腿的肌肉，使得拍出来的大腿显得很粗，不仅身体的线条无法完美呈现出来，人也显得有点驼背，看上去略有失神的感觉。另外，两脚前后分开，比两脚并排放在一起看起来更好看、更轻松。

9.5 人像摄影的神态与表情表现

9.5.1 重视引导模特的表情

如果模特面对镜头时感到局促不安，摄影师就必须担负起情绪引导及动作调校的责任。例如，可以通过引导让模特暂时充满惆怅的情绪，或者充满无助、不安的情绪，并由此引发一系列动作。此时摄影师要仔细观察模特的肢体语言，例如，肩膀的紧张状态、腰部弯曲的程度，以从中发现最想表现的画面以及最希望传达的人物性格。

在模特转换造型动作时，摄影师必须格外注意，因为好的造型动作往往出现在两个动作转换的过程中。

▲ 摄影师通过引导模特情绪，让其根据既定的造型尽兴表现，直到其完全放松融入情景，从而得到情绪自然、感情丰富的画面。「左图焦距：85mm ｜光圈：f/2.8 ｜快门速度：1/500s ｜感光度：ISO100」「右图焦距：85mm ｜光圈：f/2.8 ｜快门速度：1/800s ｜感光度：ISO100」

9.5.2 眼睛的表现

人们常说眼睛是心灵的窗户。确实，从眼睛中可映射出人的情感、性格和内心世界，对于深入表现和刻画作品的主题都有很大的影响，因此在拍摄中对眼睛的刻画与描写是抓取表情的重要环节。

▲ 新郎与新娘深情的对望成为画面的视觉中心，渲染出温馨、浪漫的气氛。「焦距：100mm ｜光圈：F7.1 ｜快门速度：1/400s ｜感光度：ISO100」

▲ 使用长焦镜头拍摄时，背景获得了很好的虚化，模特低头思考时的眼神使画面显得更加耐人寻味。「焦距：200mm ｜光圈：F3.2 ｜快门速度：1/320s ｜感光度：ISO100」

为了更好地表现精彩、到位的眼神，除了要引导模特做出相应的表情并将其表现出来以外，还要注意用光来刻画眼睛（例如使用反光板形成漂亮的眼神光）、选择合适的拍摄角度以及设法引活眼睛的视线，避免出现呆板、无味的眼神。

值得注意的是，在塑造眼神时，瞳孔的大小很重要，但在强光照射时，瞳孔会因生理反应而缩小，为了让瞳孔的大小在照片中看上去更正常，可以让模特在拍摄之前闭着眼睛休息一会，这样就能够让瞳孔的大小恢复到正常。

▲ 女孩清澈的眸子仿佛可以洞察心灵，给人一种通灵、纯净之感。「焦距：45mm ｜光圈：F2.8 ｜快门速度：1/500s ｜感光度：ISO100」

▲ 使用反光板给人物补光，使人物皮肤获得了更好的表现，眼神光也使照片更加出彩。「焦距：200mm ｜光圈：F3.5 ｜快门速度：1/400s ｜感光度：ISO100」

9.5.3 嘴唇的表现要点

嘴也是表达表情非常重要的器官。例如，利用眼神传达的微笑、忧郁等情绪，也需要嘴的配合才能够达到更好的效果。

通常情况下，嘴角上翘，表情显得喜悦；嘴角下弯，表情显得悲哀；嘴角平行，表情显得自然；嘴巴张开，表情显得活泼；嘴巴紧闭，表情显得严肃。一般而言，人的嘴型以嘴角稍微上扬的下弦月状最漂亮。至于是露齿笑还是抿嘴笑，需要根据每个模特的气质来选择。

要塑造不同的嘴型，除了模特自身的表现力和气质外，摄影师的引导也很重要。例如，很多摄影师喜欢用让模特说“茄子”这样的方法来塑造嘴形，虽然简单易用，但效果并不是太好，因为此时只是因为使用了特殊语言而使嘴型呈开心的形态，但人物内心及其他面部表情是否协调就是个问题了。

因此，更有效的方法就是引导模特发自内心的笑，例如讲一些调节气氛的幽默笑话，或称赞模特们，告诉她们长得有多好看，头发多飘逸、双腿多修长、身材有多好等——当然，称赞的时候一定要显得自然、热情、真实，且不要过火，否则达不到预期的效果不说，甚至可能引起模特的反感，其中的技巧就需要摄影师自己揣摩、尝试了。

嘟嘴也是一种很常用的嘴型，通常适合表现俏皮的神情，但千万不要用得太多，不然会显得很做作、幼稚。值得一提的是，拍摄时嘴唇保持湿润很重要，因为在合适的光线下，湿润的嘴唇可以产生微小的反光高亮区，这样拍摄出来的人像显得更生动。

▲ 丰润的红唇看起来充满诱惑力。

▼ 塑造不同的唇形，带给观者不一样的视觉感受。

9.6 强光下拍摄人像技巧

在阳光非常强烈的户外拍摄人像时，如果阳光直接照射到模特身上，很容易形成“死白”及很厚重的阴影现象。在此种情况下，如果有条件的话，可以制造一个“光线三明治”，即在模特的头顶上打一块白色反光板，再用白色、金银混合色反光板从模特下方或侧面反射补光。

由于头顶的反光板不完全透明，强烈的直射光穿过反光板后会变成柔和的散射光，从而使拍摄的画面具有柔和的质感，而侧面的反光板则可以创造出均匀、明亮的光线，避免模特背光面看起来太暗，产生与背景严重不协调的问题。

除了人为制造散射光外，还可以选择让模特背对太阳以逆光角度拍摄，这样便可以形成好看的轮廓光来分离模特与背景。为了避免人物头发出现高光太明亮、面部没有立体感的情况，因此，也要使用反光板或闪光灯来提亮模特面部和减轻头发过亮的现象。

▲ 利用大光圈将半透明的树叶变为光斑效果，背景中的点点光斑为画面营造了浪漫的氛围。「焦距：110mm｜光圈：f/3.2｜快门速度：1/250s｜感光度：ISO100」

9.7 弱光下拍摄人像技巧

9.7.1 弱光下拍摄人像的对焦操作

弱光环境下拍摄人像时，首先要考虑的就是对焦问题，根据相机和镜头对焦系统性能的不同，对焦速度上或多或少都会存在延迟的现象。因此，可以使用中央对焦点进行对焦，其对焦性能通常是最高的。另外，绝大部分数码单反相机都提供了对焦辅助功能，例如尼康相机的对焦辅助灯，佳能相机利用相机的内置闪光灯进行频闪，可以帮助拍摄者进行辅助对焦。

9.7.2 弱光下拍摄人像的感光度设置

弱光下拍摄人像时的感光度设置很重要，原因是弱光环境下的快门速度较低，因此需要提高感光度来提高快门速度，但同时还要注意的是，要保证一定的画面质量，即以不会产生明显噪点为原则。在实际拍摄时，可以多拍几张不同感光度的照片进行测试，然后再选择一个合适的感光度进行拍摄。

▲ 室内拍摄时，由于环境中的光线较暗，因此常使用较高的感光度进行拍摄。

焦　距：320mm
光　圈：F6.3
快门速度：1/250s
感 光 度：ISO1600

9.7.3 弱光下拍摄人像的快门速度

弱光环境下的快门速度通常都会比较低，因此要特别注意会不会由于快门速度过低，使得轻微的抖动造成画面的模糊。通常情况下，快门速度不应该低于当前拍摄时所使用的等效焦距的倒数。例如以50mm的等效焦距进行拍摄，那么通常会设置1/50s以上的快门速度——当然，这也因各人手持相机的稳定性而有所不同。

▲ 可根据被摄者的状态设置快门速度，确保画面的清晰度。

焦　距：50mm
光　圈：F2.8
快门速度：1/320s
感 光 度：ISO100

9.8　妙用窗户光

窗外光线是一种很常见的光线，利用在人像摄影中，也是非常容易拍摄出自然感和现场感极佳的作品的光线。窗外光线更柔和，相比人工影棚光要更朴实、自然，更贴近现实，更重要的一点是，窗外光随时可取，信手拈来，还不受天气的影响，即使雨雪天气同样可以拍摄，反而更随心。

由于我们无法改变窗外光线的方向，因此必须通过改变拍摄角度、控制光线进入的通光量和辅助光源补光的配合使用，来完成窗外光线的拍摄。

例如引导模特正面对向窗户，从外面拍摄就会出现顺光效果，而侧面对向窗户，就会出现侧光效果，因此，想要拍摄逆光效果，可以从室内拍摄，模特背向窗户。但需要注意考虑室外光源的方向，根据需要的光线效果来改变拍摄方向。

当窗外光线强烈或较强烈时，还可以将柔美的纱帘、细腻的丝绸帘等通光效果良好的窗帘拉上，这样光线透过窗帘照进屋内会柔化许多，此时窗帘仿佛就是一个天然的柔光罩，这种方法不但可以增加画面气氛，还可以使人物皮肤显得更细腻。

➤ 由于室内光线较暗，选择了在窗前拍摄，借助于窗户光得到明亮的画面效果。「焦距：135mm ｜ 光圈：F3.2 ｜ 快门速度：1/250s ｜感光度：ISO100」

9.9 唯美人像拍摄的3个技巧

9.9.1 人物视线方向留白延伸画面空间感

拍摄人像时，在画面中进行适当留白会增加画面的流通性与宽松感，一般常用的留白是在人物视线方向的留白，这样可以使人物视线方向的空间得以延伸，让观者对人物视线方向的内容产生遐想，不至于让画面产生拥挤、堵塞的感觉。

▲为模特眼神的方向留出空间，这样的留白看起来很舒服，而且也使画面的横向空间感得到了延伸。「焦距：85mm｜光圈：F2.2｜快门速度：1/3200s｜感光度：ISO100」

9.9.2 逆光下表现少女发丝质感

逆光环境下，可以创造出既简洁又充满表现力的魅力影像，逆光拍摄是在人像摄影中最常使用的一种手法。逆光拍摄人像，可以把被摄模特的轮廓勾勒出来，彷佛用光为被摄对象，尤其是头发部分，镶上了一层金边，使画面中的人像产生一种神圣感。

拍摄时需注意要对人物轮廓及周围进行测光，并增加一挡曝光补偿，才能顺利拍摄出金色轮廓的效果。

除了梦幻的金色轮廓光效果外，在夕阳西下的强烈逆光环境下，还可以通过正确的测光及对焦方法，让人物呈现出简单而有视觉冲击力的剪影效果。此时测光点应该在画面中较明亮的地方，而测光模式则应该使用点测光模式。

➤ 逆光拍摄时，金色的光线在模特的头发处形成了好看的轮廓光，此时，为避免背光的模特面部太暗，可使用反光板为其进行补光，来提亮面部。「焦距：185mm｜光圈：F3.2｜快门速度：1/250s｜感光度：ISO100」

9.9.3　利用光线为画面染色

以逆光、侧逆光拍摄时，即使在镜头前面安装遮光罩，也可能会由于光线直接射入镜头，而在照片中形成直线或圆形的光晕，这种现象被称为**眩光现象**。眩光有可能破坏照片的画面效果，但也不必一味地避免镜头眩光，因为镜头眩光现象分为两种，一种是照片中出现耀斑，另一种是光线向镜头内扩散，使照片的画面形成雾化效果，也称为染色效果。前一种效果有可能导致照片的画面受到影响，而后一种效果则能够使照片更具有艺术气息。

因为是逆光角度拍摄，因此被摄者的大部分会处在阴影之中，为了获得均匀、自然的曝光结果，最好能够采用反光板对被摄者的背光处进行补光。

下图中，由于此时太阳的亮度还很高，被摄者与太阳的明暗差距非常大，为了避免亮部或暗部损失细节，拍摄时要通过构图使太阳或其他光源出现在画面外。

选择能够营造浪漫气息的拍摄地点也很重要，可选择人烟较少的地方，如花丛、芦苇荡等处，使花朵与芦苇在逆光照射下在画面中形成漂亮的光斑。

▲ 摄影师利用逆光角度的金色眩光，得到朦胧感的画面，营造出梦幻的气氛。「焦距：200mm ｜光圈：F4｜ 快门速度：1/500s｜ 感光度：ISO100」

9.10 如何让孩子放轻松

9.10.1 声音吸引注意力

进行儿童摄影时，被摄者的表情动作经常会表现得不到位。为了吸引孩子的注意力，可以出其不意地呼唤孩子，或者用其他的声音来吸引孩子，但声音不可太大或太过突然，以防吓坏孩子。

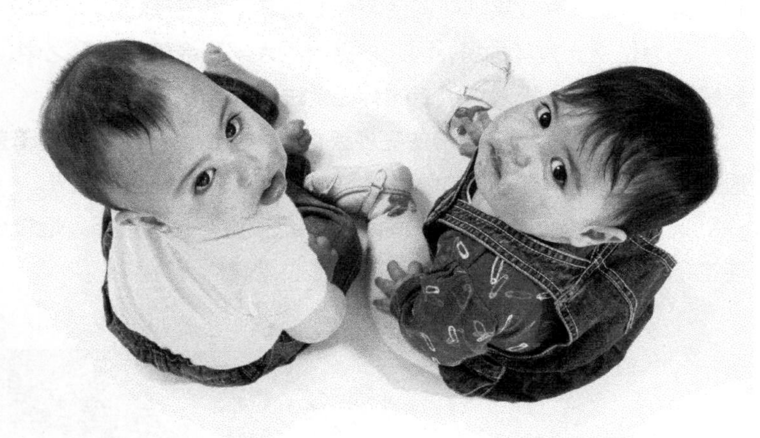

▲ 亲人呼唤宝宝的名字，一定可以引起宝宝的注意，在其回头的瞬间就可以抓拍下宝宝可爱的表情。「焦距：200mm ｜光圈：F4｜ 快门速度：1/500s｜ 感光度：ISO100」

9.10.2 道具活跃气氛

专业的儿童摄影师通常都在摄影中使用道具，这些道具不但可以增加画面的情节，还可以营造出一种更加生动、活泼的气氛。道具可以是鲜花、篮子、吉他、帽子等，但要根据儿童的不同年龄、不同性别来选择。

儿童摄影另一类常用的道具是玩具。当儿童看见自己感兴趣的玩具时，自然会流露出好玩的天性，在这种状态下，拍摄的效果要比任何摆拍的效果都自然、生动。

▲ 利用可爱的玩具还可以起到点缀画面的感觉，戴着同款帽子的玩具熊和宝宝看起来非常有趣。「焦距：70mm ｜光圈：F7.1｜ 快门速度：1/200s｜ 感光度：ISO100」

9.10.3 食物诱惑

美食对孩子们有着巨大的诱惑力，利用孩子们喜爱的美食可以很好地调动孩子们的兴趣，从而拍摄儿童可爱的吃相。但需要注意的是，越小的孩子吃相越难看，摄影师要注意让引导员随时擦干净他们的嘴巴和脸蛋，尤其注意不要弄脏衣服。

▲ 孩子享受美食时开心的笑容十分有感染力，此时很容易抓拍到放松状态的孩子。「焦距：200mm ｜光圈：F4｜ 快门速度：1/500s｜ 感光度：ISO100」

9.11 利用柔光表现细腻皮肤

柔光通常是指在室外阴天或者没有太阳直射时的光线。在这样的光线下拍摄儿童，不会出现光线比较强的情况，且无浓重阴影儿童的皮肤看起来也更加柔和、细腻。

▲ 使用长焦镜头在散射光条件下拍摄，儿童的皮肤在虚化的背景前显得更加细腻。「焦距：200mm ｜光圈：F2.8｜ 快门速度：1/800s｜ 感光度：ISO200」

9.12 增加曝光补偿拍出更白皙的皮肤

儿童的娇嫩肌肤是很多摄影爱好者都喜欢拍摄的，在拍摄时，可以增加曝光补偿，在正常的测光数值基础上，适当地增加0.3~1挡的曝光补偿，这样拍摄出的效果显得更亮、更通透，儿童的皮肤也会更加粉嫩、白皙。

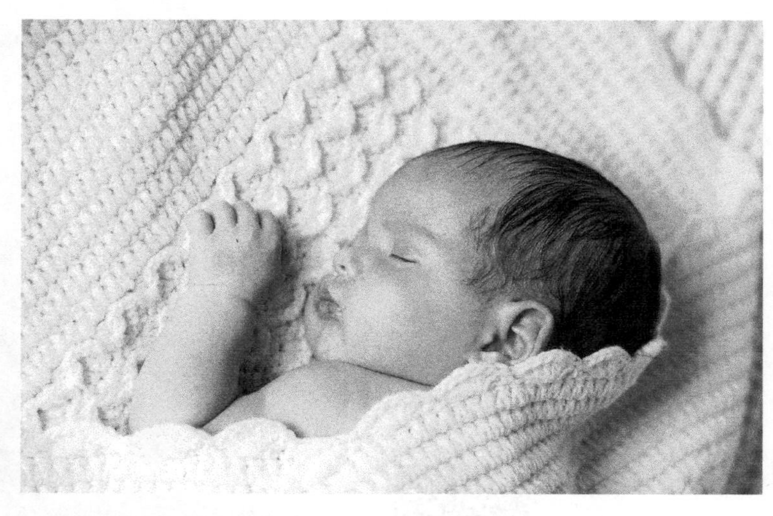

▲ 增加了 1 挡曝光补偿，小孩的皮肤显得非常白皙。「焦距：50mm | 光圈：F2.8 | 快门速度：1/400s | 感光度：ISO160」

9.13 室内用窗户光拍摄

温馨的家无疑是为儿童拍摄照片最理想的场所。既可以不受气候、时间等客观条件的影响，又可以随意地打扮儿童。儿童在自己熟悉的环境中拍照，也会显得无拘无束、活泼自然。

室内白炽灯的光线会让人物的皮肤色温表现不准，所以，我们可以选择关掉室内的白炽灯，让小孩在窗户旁活动，利用自然的窗户光进行拍摄。将窗户看成一个巨大的柔光灯，光线投射到儿童身上的角度不同，效果也不同。

当然，还要进行适当的补光。辅光的形式有很多种，如利用墙壁、窗帘的反射光等。除此之外，还可以自制反光板，如白纸、白布等都可以充当补光工具。

▲ 在室内拍摄时，最佳的拍摄地点是窗户边上，在获得充足的光线的同时，还能产生柔光的效果。「焦距：35mm | 光圈：F2.8 | 快门速度：1/200s | 感光度：ISO200」

课后任务：拍摄小景深人像

目标任务：

拍出小景深的画面，使得人像与背景分离，从杂乱的环境中突出。

前期准备步骤：

1. 选择适合的大光圈镜头或长焦镜头

选择F2.8以上的光圈，焦距为135mm、200mm以上的长焦镜头。

2. 选择合适的背景

尽量使模特离背景较远，这样比较容易得到小景深的画面。

3. 设置相机模式

应设置光圈优先模式，并尽量使用大光圈，才可更好地虚化环境，得到小景深的画面。

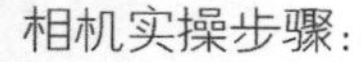

相机实操步骤:

小景深人像拍摄步骤:

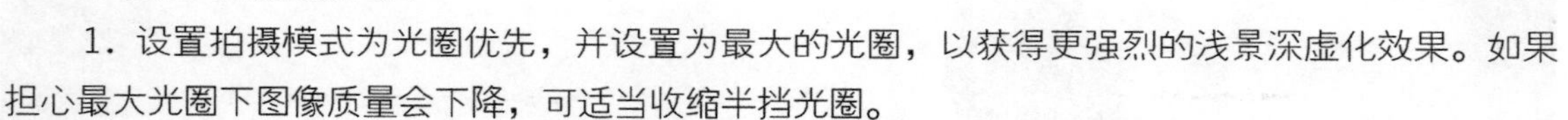

1. 设置拍摄模式为光圈优先，并设置为最大的光圈，以获得更强烈的浅景深虚化效果。如果担心最大光圈下图像质量会下降，可适当收缩半挡光圈。

2. 尽可能使用镜头的长焦端进行拍摄，以获得更强烈的浅景深虚化效果。

3. 在光线充足的情况下，可将感光度设置成为ISO100，以获得较高的画质。

4. 设置测光模式为中央重点/中央重点平均测光。

5. 将对焦点设置成为单点对焦（如追求较高的对焦精度，建议使用中央对焦点）。

6. 半按快门对人物的眼睛进行对焦。

7. 对焦成功后，保持半按快门状态并移动相机重新构图，然后按下快门即完成拍摄。

第10章　风光摄影技巧

【学前导读】

大千世界各种美景美不胜收，不同景色的拍摄技巧和表现形式是不同的，只有对要拍摄的景点有所了解才能更好地突出其特点。本章将针对不同的拍摄题材，如山景、水景、云雾、雪景、日出日落和草原等美景讲解其特点和拍摄技巧。

【本章结构】

【学习要领】

1．知识要领

·各种景点的特色

·针对不同的景象，运用一些特殊的拍摄技巧得到不一样的画面效果

2．能力要领

了解拍摄对象的特点，可运用构图或光线表现其基本特征

10.1 拍摄山景的技巧

10.1.1 俯视连绵山脉

如果要拍摄出连绵不绝的山脉，摄影师所站的位置非常关键，正所谓“登高望远”，只有身处山峰较高的位置时，才可能使用广角镜头俯拍山峦，在画面中取得连绵、蜿蜒、宏大的感觉。

▲摄影师选用横画幅，并以俯视角度表现连绵不断的群山，展现出群山连绵、层峦叠嶂之美。「焦距：40mm｜光圈：F13｜快门速度：1/400s｜感光度：ISO200」

10.1.2　侧光最适合表现山的质感

“见山寻侧光”一语总结了拍山的要点，当侧光照射在表面凹凸不平的物体上时，会出现明显的明暗交替光影效果，这样的光影效果使物体呈现出鲜明的立体感和强烈的质感。要采用这种光线拍摄山脉，应该在太阳还处在较低的位置时进行拍摄，这样可获得漂亮的侧光，使山体由于丰富的光影效果而显得极富立体感。

▲从侧光角度拍摄的山峰，呈现出立体感很强的视觉效果。

10.1.3　利用侧逆光表现山脉的形体感与轮廓感

在逆光的条件下拍摄山脉，往往是为了在画面中体现山脉的轮廓线，画面中山体的绝大部分处在较暗的阴影区域，基本没有细节，因此轮廓线就是提升画面美感的关键。拍摄时要注意通过选用长焦或广角等不同焦距的镜头，捕捉山脉最漂亮的线条。拍摄时应该在天色将暗时进行，此时天空的余光，能够让天空中的云彩为画面添色。

在侧逆光的照射下，山体往往有一部分处于光照之中，因此不仅能够表现出明显的轮廓线条，显现山体的少部分细节，还能够在画面中形成漂亮的光线效果，因此它是比逆光更容易出效果的光线。

➤逆光光线下针对远处较亮天空区域曝光拍摄，得到剪影形式的群山景象，在氤氲的雾气中，山体的轮廓线条被凸显呈现在画面中，白炽灯白平衡模式的设置，使得画面冷调效果更明显，也使得画面更显沉寂、清幽。「焦距：46mm ｜光圈：F4.5 ｜快门速度：1/1000s ｜感光度：ISO100」

10.1.4 利用前景突出山景

在拍摄各类山川风光时，如果能在画面中安排前景，配以其他景物（如动物、树木等）作陪衬，不但可以使画面有立体感和层次感，而且可以营造出不同的画面气氛，大大增强了山川风光作品的表现力。

例如，有野生动物的陪衬，山峰会显得更加幽静、安逸，也更具活力，同时还增加了画面的趣味性。如果利用水面或花丛作为前景进行拍摄，则可增加山脉秀美的感觉。

▲ 拍摄山景时，将前景中的河边水草和树木也纳入画面中，既能增加画面的空间感，还可将山峦点缀得更加秀美。「焦距：20mm ｜光圈：F16 ｜快门速度：1s ｜感光度：ISO100」

10.2 拍摄水景的技巧

10.2.1 高速快门拍浪花拍打礁石

巨浪翻滚拍打岩石的画面有种惊心动魄的美感，要想完美地表现出这种“惊涛拍岸卷起千堆雪”的感觉，一定要注意以下几个拍摄要点。

1．寻找合适的拍摄场景

拍摄时要寻找有大块礁石而且海浪湍急的区域，否则浪花飞溅的力度感较弱，但在这样的区域拍摄时一定要注意自身安全。所选礁石的色彩最好黝黑、深暗一些，以便于与白色的浪花形成明暗对比。

2．使用长焦镜头拍摄

为了更好地表现浪花，应该使用长焦镜头以特写或近景景别进行拍摄，并在拍摄时使用三脚架，以维持相机的稳定性。

3．控制快门速度

拍摄时使用不同的快门速度，能够获得不同的画面效果。使用高速或超高速快门，能够将浪花冲击在礁石上四散开来的瞬间记录下来，使画面呈现较大的张力。

如果使用1/125s左右的中低快门速度，则可以将浪花散开后形成的轨迹线条表现出来，拍摄时注意控制礁石在画面中的比例，使画面有刚柔对比的效果。

▲ 利用高速快门记录下波涛汹涌的瞬间，溅起的浪花看起来颇有气势。

10.2.2 长时间曝光拍摄雾状溪流

当使用低速快门拍摄瀑布时，可以得到丝绸般的水流效果。

为了防止曝光过度，应使用较小的光圈来拍摄，如果仍然曝光过度，则应考虑在镜头前加装中灰滤镜，通常在1/4s~1/5s的曝光时间内，就能拍出不错的效果。需要注意的是，由于使用的快门速度很慢，所以一定要使用三脚架辅助拍摄。

▲ 丝绸般的流水画面看起来好似仙境一般。

焦　　距：50mm
光　　圈：F10
快门速度：2s
感 光 度：ISO100

10.2.3 大小对比表现江水的壮阔

没有庞大就没有微小，没有高耸就没有低矮，哲学告诉我们，世界的万事万物都是对立存在的，而这种对立实际上也是一种对比。实际上，通过已知事物的体量来推测对比认识未知事物的体量，正是人类认识事物的基本方法。

从摄影的角度来看，如果要表现出水面或开阔、或宏大的气势就要通过在画面中安排对比物来相互衬托。

对比物的选择范围很广，只要是能够为观赏者理解、辨识、认识的事物均可，如游人、小艇、建筑等事物。

▲ 以广角镜头拍摄，水面在船只的衬托之下看起来格外宽广、壮阔。

焦　　距：17mm
光　　圈：F6.7
快门速度：1/640s
感 光 度：ISO200

10.2.4 曲线构图表现河流的蜿蜒

由于地理因素，很少在自然界中看到笔直的河道，无论是河流还是溪流，在大多数人看来总是弯弯曲曲地向前流淌着。

因此，要拍摄河流、溪流或者是海边的小支流，S形曲线构图是最佳选择，S形曲线本身就具有蜿蜒流动的视觉感，能够引导观者的视线随S形曲线蜿蜒移动。

S形构图还能使画面的线条富于变化，呈现出舒展的视觉效果。

拍摄时摄影师应该站在较高的位置上，以俯视的角度，采用长焦镜头，从河流、溪流经过的位置寻找能够在画面中形成S形的局部，这个局部的S形有可能是河道形成的，也有可能是成堆的鹅卵石、礁石形成的，从而使画面产生流动感。

「焦距：160mm ｜光圈：F10 ｜快门速度：1/250s ｜感光度:ISO200」

▲ 使用曲线构图拍摄蜿蜒的河流，不仅有视觉导向的作用，还让画面充满了动感和美感。

10.2.5 对称构图表现湖水的静逸

拍摄水面时，要体现场景的静谧感，应该以对称构图的形式使水边的树木、花卉、建筑、岩石或山峰等倒影在水中，这种构图不仅使画面极具稳定感，而且，也丰富了构图元素。拍摄的时间最好选在风和日丽的天气，时间最好在凌晨或傍晚，以获得更丰富的光影效果。

如果采用这种构图形式，使水面在画面中占据较大的面积，则应该考虑到水面的反光较强，适当降低曝光量，以避免水面的倒影不清晰。作为一种自然结果，倒影部分的亮度不可能比光源部分的亮度更大。

平静的水面有助于表现倒影，如果拍摄时有风，则会吹皱水面扰乱水面的倒影，但如果水波不是很大，则可以尝试使用中灰渐变镜进行阻光，从而将曝光时间延长到几秒钟，这样有可能将波光粼粼的水面上的柔和倒影拍摄下来。

▲ 拍摄水面时将具象的倒影也纳入画面中，与岸边的实景构成奇幻的画面效果。

「焦　　距：17mm
光　　圈：F16
快门速度：1/30s
感 光 度：ISO100」

10.2.6 逆光下波光粼粼的水面

利用逆光低角度拍摄黄昏时的水面

逆光拍摄黄昏时的水面，利用低角度拍摄常常可得到波光粼粼的画面效果。拍摄波光粼粼的水面时，曝光控制最为关键。使用点测光或局部测光模式，对准水面亮度均匀且略微偏暗的区域测光，再根据试拍效果适当增加曝光补偿，从而保证亮光部分的曝光处于一种略微过曝的状态。

为了拍摄出这样的美景要注意以下两点。

其一，要使用小光圈，从而使粼粼波光在画面中呈现为小小的星芒。

其二，如果波光的面积较小，要做负向曝光补偿，因为此时场景的大面积为暗色调；而如果波光的面积较大，是画面的主体，则要做正向曝光补偿，以弥补反光过高对曝光数值的影响。

▲ 夕阳下，采用低角度并增加半挡曝光补偿拍摄，可将水面波光粼粼的效果表现得更加明显。

利用长焦镜头表现水面抽象的波纹

除了拍摄大面积的水面外，也可以使用长焦镜头将取景框对准局部的波纹，重点表现水波的光影、色彩和线条的韵律。

▲ 拍摄局部的波纹，给人一种犹如抽象派画作的感觉。

焦　距：200mm
光　圈：F14
快门速度：1/500s
感光度：ISO100

10.3 拍摄云雾的技巧

10.3.1 低速快门拍摄流云

很少有人长时间地盯着天空中飞过的流云，因此也就很少有人关注头顶上的云彩来自何方，去往哪里，但如果摄影师将镜头对着天空中看上去漂浮不定的云彩，以低速快门拍摄，云彩会在画面上留下长长的轨迹，呈现出很强的动感。

要拍摄这种效果，需要将相机固定在三脚架上，采用B门进行长时间曝光，在拍摄时为了避免曝光过度，导致云彩失去层次，应该将感光度设置为ISO100，但如果仍然会曝光过度，那么可以在镜头前面加装中灰镜，以减弱进入镜头的光线。

▲ 以低速快门结合中灰镜拍摄，在水面、草地的衬托下云彩显得格外地灵动、迷人。

10.3.2 虚实对比表现雾景层次

拍摄云雾场景的一个关键要决是要记住，虽然拍摄的是云雾，但云雾在大多数情况下只是陪体，而画面要有明确、显著的主体，这个主体可以是青松、怪石、大树、建筑，只要是这个主体的形体轮廓明显、优美即可。

此时拍摄，还要注意景物之间的虚实关系，若整个画面都很虚，就使画面感觉像是对焦不准；若是整个画面都太实，又显示不出雾天的特点来。

只有虚实对比得当，在这种反差的相对衬托对比下，画面才显得缥缈、灵秀。

▲ 将深颜色的山体及植被作为画面前景，与浅色的雾气形成对比，画面虚实相间，十分耐看。

10.3.3 利用留白营造意境美的画面

留白是拍摄雾景画面的常用构图方式，在拍摄时，主体应该是深色或有其他色彩的景物，并且被安排在画面中黄金分割点的位置上。

画面的空白区域则应该由雾气构成以形成构图上的留白，给观者以想象的空间。按此方法拍摄，不但可以突出主体，而且能使画面显得更唯美并具有艺术感。

▲ 画面中由浅至深、由浓转淡的云雾将树林遮挡得若隐若现、神秘缥缈，表现出唯美的意境，同时通过增加 1 挡曝光补偿，使得云雾更为亮白，层次更为丰富。

10.3.4 漂亮的金边云彩

太阳快落山之时，阳光照射在天空的云朵上，会形成金色的轮廓，此时拍摄云彩极具美感，拍摄时可以使用点测光模式对金色边缘周围的位置进行测光，从而拍摄得到云朵明暗细节都较丰富的画面。

▲ 阳光从侧面照射到云朵上，使云朵染上了金边，使普通的云朵也有了华丽的色彩。

10.4 拍摄雪景的技巧

10.4.1 增加曝光补偿使冰雪更透亮

由于雪的亮度很高，如果按照相机给出的测光值曝光，会造成曝光不足，使拍摄出的雪呈灰色，所以拍摄雪景时一般都要使用曝光补偿功能对曝光进行修正，通常需要增加 1~2 挡曝光补偿。需要注意的是，并不是所有的雪景都需要进行曝光补偿，如果所拍摄的场景中白雪所占的面积较小，则无须进行曝光补偿处理。

▲ 采用增加 1 挡曝光补偿拍摄的雪景，色彩和层次都有了较好的表现。

焦　　距：45mm
光　　圈：F14
快门速度：1/160s
感 光 度：ISO100

10.4.2 寻找雪中的色彩

雪地、雪山、树挂都是雪后极佳的拍摄对象。拍摄开阔、空旷的雪地时，为了让画面更具有层次和质感，可以采用低角度逆光拍摄，远处低斜的太阳不仅为开阔的雪地铺上了浓郁的色彩，同时还能将其细腻的质感也凸显出来。

雪与雾一样，如果没有对比、衬托，表现效果则不会太理想，因此在拍摄雪山、树挂等景物时，可以通过构图使山体上裸露出来的暗调山岩、树枝与白雪形成强烈的对比。

如果没有合适的拍摄条件，可以将注意力放在类似花草这样随处可见的微小景观上，拍摄冰雪中绽放的美丽。

▲ 使用点测光的方式对树上的白雪测光，白雪获得正确曝光的同时，树干呈现出黑色，明暗的对比使画面中的白雪更加突出，在蓝天的衬托下画面显得非常明朗。「焦距：85mm ｜光圈：F2 ｜快门速度：1/800s ｜感光度：ISO200」

▲ 白雪将粉花衬托得更加娇艳动人，而粉花也为雪景增添了鲜艳的色彩。「焦距：45mm ｜光圈：F9 ｜快门速度：1/320s ｜感光度：ISO100」

10.4.3　用侧逆光表现雪景的立体感

“巧设前景忌顺光”说出了光线对于雪景的重要性，拍摄雪景时选择光线要有一定的技巧，顺光及阴天下的漫反射光线不利于表现雪粗糙的质感，逆光不适宜表现雪的层次，因此拍摄雪景应该多采用侧光、侧逆光，最佳的拍摄时间是早晨和傍晚，在这两个时间段拍摄，不仅能够体现雪的质感，还能够通过天空中多变的云霞为照片增色。

17mm F8 1/400s ISO200

▲采用侧光角度拍摄雪景，在强烈的明暗对比下增加了画面感。

10.4.4　逆光拍出冰雪的晶莹

拍摄高亮度冰雪时，丰富的细节、晶莹剔透的质感的呈现是非常重要的。为了更好地表现冰雪细微晶体物的细节，除了精准控制曝光量、缩小光圈外，还需在光线和背景方面进行选择拍摄。首先，光线的选择上最好是在逆光光线下进行拍摄，在其光线之下冰雪细微的明暗变化会被强化出来，增强立体感；其次，背景的选择上，可以考虑带有强烈色彩感的背景，例如清晨时段低色温的冷蓝色影调，可为冰雪镀上一层瑰丽的色彩，以增强整体画面的感染力。

▲逆光拍摄冰雪，既突出了其轮廓，也将冰雪透明的感觉表现得很好，有种晶莹剔透的美。「焦距：200mm ｜光圈：F3.5 ｜快门速度：1/800s ｜感光度：ISO200」

10.4.5 特写拍摄窗户上的冰花

霜花是一种在玻璃窗上出现的结霜现象，又称为冰花。冰清玉洁、晶莹剔透、松脆易融，常可在玻璃上构成各种各样美丽动人的冰花图案，摄影师可以根据冰花的造型，借助想像力通过构图赋予冰花一定的形状联想特征，拍出如山、森、河、花等具有极强形式美感的作品，必要的时候还可以人为地适当加工修饰，使冰花的造型似是而非，别有风趣、引人遐想，给人美的感受。

拍摄时最好为冰花安排深色的背景，从室内向室外透光拍摄，以突出其晶莹感及其细致结构。

在光源方面，既可以使用自然光，也可以使用人造光，但光的方向最好是侧逆光，且光源不应该进入画面，以避免在画面中造成光晕。

要在面积有限的玻璃上拍到精致的冰花图案，要使用微距镜头或焦距较长的镜头，为避免因相机震动而造成的模糊，需用三脚架固定照相机。

▲ 设置大光圈得到小景深的画面，将霜花细致的纹理表现得非常清晰，相似的结构很有图案装饰性。「焦距：60mm ｜光圈：F8 ｜快门速度：1/200s ｜感光度：ISO200」

▲ 逆光角度拍摄冻结在玻璃上的冰花，使其呈现出剔透、晶莹的质感。「焦距：60mm ｜光圈：F8 ｜快门速度：1/125s ｜感光度：ISO200」

10.5 拍摄日出日落的技巧

10.5.1 长焦拍摄出大太阳

为营造富有感染力的画面效果，可以加大太阳在画面中所占的比例。300mm 以上的长焦镜头在拍摄日出日落时经常用于对太阳进行特写，因为使用广角镜头或标准镜头拍摄出来的太阳在画面中显得太小而突出不了主体，而长焦镜头能将太阳放大，将景物压缩，使画面不至于太平面化。

在这里摄影师使用长焦镜头将太阳在画面中放大，突出主体的同时，增加画面的冲击力；与此同时，摄影师还可以将前景处的景象也纳入到画面中，以丰富画面视觉，使画面更加生动，有意境。

另外由于使用长焦镜头或者镜头的长焦段进行拍摄，焦距较长，微微的抖动都会影响画面清晰度的呈现，故在拍摄时对相机稳定度有着较高要求，摄影师需考虑配合使用三脚架进行拍摄。

▲ 长焦镜头有压缩空间的作用，可以使远处的景物呈现出比人眼观察到的更大的影像，所以使用它来拍摄太阳是再好不过的，可以使太阳在画面中显得足够大。「焦距：300mm ｜光圈：F10 ｜快门速度：1/320s ｜感光度：ISO100」

▲ 使用长焦镜头拍摄海上日落时，太阳在画面中形成了“大太阳”的效果，给人一种非常美的视觉感受。「焦距：235mm ｜光圈：F8 ｜快门速度：1/125s ｜感光度：ISO100」

10.5.2 小光圈拍出太阳光芒

为了表现太阳耀眼的效果，烘托画面的气氛，增加画面的感染力，可在镜头前加装星芒镜，以获得星芒的效果，如果没有星芒镜还可以缩小光圈进行拍摄，通常需要选择 F16~F32 的小光圈，较小的光圈可以使点光源出现漂亮的星芒效果。光圈越小，星芒效果越明显。如果采用大光圈，光线会均匀分散开，无法拍出星芒效果。

拍摄时要注意，使用的光圈也不可过小，否则会由于光线在镜头产生的衍射现象，导致画面的质量下降。

▲ 在拍摄太阳时，尽量缩小光圈，以此来获得星芒效果，使得画面更具美感。「焦距：100mm ｜光圈：F22 ｜快门速度：1/30s ｜感光度：ISO100」

10.5.3 日出日落的测光技巧

以天空亮度为测光依据拍摄日出、日落

如果要表现云彩、霞光时，要注意避免强烈的太阳光干扰测光，也无须考虑地面亮度，测光时应以天空的亮度作为曝光的依据。

可以使用镜头的长焦端，以点测光或中央重点测光模式对天空的中等亮度区域测光。

只要这部分曝光合适，色彩还原正常，就可以获得理想的画面效果。测光完成后，锁定曝光值重新构图、拍摄即可。

▲ 以天空亮度均匀的区域作为曝光依据时，可以很好地表现云彩和霞光。

焦　　距：23mm
光　　圈：F5.6
快门速度：1/800s
感 光 度：ISO100

以水面反光为测光依据拍摄日出、日落

在水边拍摄日出、日落时，需要考虑到更好地表现水面波纹。

因此，为了表现水景，可以以水面的亮度为准进行测光。由于光线经水面折射后要损失一挡左右的曝光量，因此水面倒影与实景的亮度差在一挡左右。

可以根据试拍效果适当增加曝光补偿，从而得到理想的曝光效果。

▲ 以水面为曝光依据时，可增加曝光补偿，使波纹的效果更明显。

焦　　距：100mm
光　　圈：F8
快门速度：1/1000s
感 光 度：ISO100

以地面景色为曝光依据拍摄日出、日落

在拍摄日出、日落时，如果画面中天空的比例较多，则很难兼顾地面景物的曝光，针对地面景物测光，天空部分很容易曝光过度。

此时可以利用中灰渐变镜来降低天空的曝光量，将天空亮度压暗，缩小画面的明暗反差。

这时即使按照平均亮度测光，也能够得到曝光准确、层次丰富的画面效果。

▲ 以地面为曝光依据时，可将地面的景物表现得非常清晰。

焦　　距：20mm
光　　圈：F10
快门速度：1/500s
感 光 度：ISO400

10.5.4 纳入陪体使画面更有生机

从画面构成来讲，在拍摄日出日落时，不要直接将镜头对着天空，这样拍摄出来的照片显得单调。可选择树木、山峰、草原、大海、河流等景物作为前景，以衬托日出与日落时特殊的氛围。尤其是以树木、船只、游人等作为前景时，可以使画面显得更有生机与活力。

由于在日出或日落时拍摄，大部分景物会被表现成剪影，因此一定要选择合适的视角进行拍摄，以避免所选择的陪体与背景的剪影相互重叠，使观者无法清晰地分辨出不同景物的轮廓。

▲ 以逆光拍摄夕阳西下的景象，把海边的游人也纳入画面，减少曝光补偿使其呈现为剪影形式，不但为画面增添了活力，也增添了夕阳西下落幕的气氛 。「焦距：24mm ｜光圈：F4.5｜ 快门速度：1/1250s｜ 感光度：ISO100」

10.6 拍摄草原的技巧

10.6.1 借助陪体使照片富有生机

要拍摄辽阔的草原照片，不能使画面中仅有天空和草原，这样的照片显得平淡而乏味，必须要为画面安排一些能够带来生机的元素，如牛群、羊群、马群、收割机、勒勒车、蒙古包、小木屋等。

如果上述元素在画面中分布较为分散，可以使用散点式构图，拍摄散落于草原之中的农庄、村舍、马群等，使整个画面有自然、质朴的气息。

如果这些元素分布并不十分分散，则应该在构图时注意将其安排在画面的黄金分割点的位置上，以使画面更美观。

▲利用牛、羊和房舍点缀草原画面很有生机感，给人一种悠哉、惬意的感觉。「焦距：100mm ｜光圈：F13 ｜快门速度：1/160s ｜感光度：ISO100」

10.6.2 拍摄连绵起伏的草原

有些草原之上有山丘起伏不定的丘岭地形，要拍摄好这种地形的照片，重点在于对光线和构图的把握。

在光线方面，应该利用侧光、逆光或侧逆光，将线条优美的山丘轮廓勾画出来，为画面增添空间感和层次感。

构图方面应该注意山丘轮廓的线条感觉，线条在画面中宜精不宜繁，每一根线条都应该有其明显的起向与起止位置，不能在画面上看起来交错、重叠。

曝光时可以用较小的光圈，以产生较大的景深，并对着山丘的高光部位测光，以加大光比，使起伏的草原更显魅力。

◀ 以横构图方式表现草原，红色野花、绿色的草地、天空中的乌云，丰富了高低起伏的草原的表现效果。「焦距：105mm ｜光圈：F7.1 ｜快门速度：1/400s ｜感光度：ISO100」

10.6.3 利用超长画幅展现草原风光的全貌

通常，在拍摄辽阔的草原时，要使用广角镜头，以表现草原的气势与规模，但面对着一眼望不到尽头的草原，实际上利用超画幅才能够真正给欣赏者带来视觉上的震撼与感动。

超宽画幅的高宽比能够达到1∶3甚至是1∶5，因此能够以更加辽阔的视野，展现景物的全貌。

这种画幅的照片并不是一次拍成的，通常都是由几张照片拼合而成，拍摄时要端稳相机或将相机固定在三角架上，水平旋转镜头进行拍摄。

由于要拍摄多张照片进行拼合，因此在转动相机，拍摄不同视角的场景时，注意彼此之间要有一定的重叠，即在上一张照片中出现的标志性景物，如蒙古包、树林、小河，应该有一部分在下一张照片中出现，这样在后期处理时，才能够更容易地拼合在一起。

▼ 明暗不同的光影为跌宕起伏的草原增添了纵深感，宽画幅的使用，使观者更好地感受到了草原的广阔。

课后任务：拍摄有意境美的雾景画面

目标任务：

利用曝光技巧和合适的构图得到洁白且有意境美的雾景画面。

前期准备步骤：

1. 选择适合的镜头

为了纳入更多的景物，应选择焦距为35mm左右的广角镜头。

2. 选择合适的构图

为避免雾景画面中白茫茫的一片，应尽量纳入深色景物，不仅使得画面有生机，也可增加画面的层次感。

3. 相机的设置

由于特殊的天气环境，白茫茫的环境中，相机测光系统会做出错误判断，为了还原雾景的洁白，应在测光结果的基础上增加曝光补偿。

相机实操步骤：

雾霭拍摄步骤：

1. 雾霭的成因是水汽，因此应该在冬、春、夏季交替之时，寻找合适的拍摄场景，提高成功率。

2. 如果拍摄的当天风速较高，则难以拍摄到令人满意的照片，因为大风会吹散水汽。

3. 拍摄雾气的场所往往具有较高的湿度，因此需要特别注意保护相机及镜头，防止器材受潮。

4. 由于在雾气弥漫的情况下，景物的对比度及色度都会降低，因此可以按下面的操作通过设置相机进行弥补：先选择“照片风格”菜单，再转动速控拨盘选择“风光”照片风格，然后通过按键对其进行详细的参数设置，尤其需要将锐度、对比度及饱和度等参数调整至最高。

5. 选择光圈优先曝光模式，将光圈设置在F8~F16之间。如果希望拍摄出雾气流动的效果，可以选择快门优先曝光模式并设置较慢的快门速度。

6. 在光线充足的情况下，可以将感光度设置为ISO100，以获得较高的画质。

7. 如果光线均匀、明亮，可以将测光模式设置为“评价测光”。如果拍摄的场景中的雾气较少、暗调景物多，或希望拍摄逆光效果，应该用“点测光”，对着画面的明亮处测光，以避免雾气部分过曝而失去细节。

第11章　树植、花卉摄影技巧

【学前导读】

如何将万紫千红的花卉拍得更加娇艳动人？如何将参天大树拍得更加生机勃勃？即使是身边常见的花草树木也有其独特的特征，学会运用构图、光线等技巧对其进行表现。

【本章结构】

【学习要领】

1．知识要领

·熟悉花卉的外形特点及拍摄技巧

·熟悉树木的外形特点及拍摄技巧

2．能力要领

·将花卉的特征运用不同的拍摄技巧表现出来

·将树木的特征运用不同的拍摄技巧表现出来

11.1 花卉

11.1.1 虚化背景使花卉更醒目

拍摄花卉我们会运用到不同焦段的镜头，而用不同的镜头拍摄花卉所产生的不同景深，对于花卉的表现效果又会完全不一样。

广角镜头由于焦距短，景深大，对于不同距离的花卉都能清晰地呈现。

如果使用长焦镜头或微距镜头拍摄，可以使花朵的背景发生明显虚化，得到的画面景深非常浅，能够在朦胧、柔美的背景中突出表现花朵。

▲ 在位于被摄花朵较近的距离进行拍摄，不仅将花朵放大呈现在画面中，同时很好地虚化了绿色背景，衬托着粉色花卉显得更加娇艳。「焦距：60mm ｜光圈：F13 ｜快门速度：1/200s ｜感光度：ISO100」

11.1.2　利用暗调/亮调背景拍摄浅色/深色花朵

在影调方面，也存在对比突出的关系，例如大面积暗色调中的小部分亮色调，会显得格外突出，同时大面积亮色调中的小部分暗色调，也会直接吸引观者的目光。

拍摄花卉时，也可以利用这种色调之间的对比关系，通过暗调的环境或陪体映衬出色调比较亮的花卉，反之亦然。

在深暗背景中的花卉显得神秘，主体非常突出；而在浅亮背景画面中的花卉，则显得简洁、素雅，给人一种很纯洁的视觉感受。

暗调与亮调背景的极端情况是黑色与白色的背景，在自然中比较难找到这样的背景，但摄影师可以通过随身携带黑色与白色的背景布，在拍摄时将背景布挂在花朵的后面来实现这一点。

▲ 设置大光圈将背景中墨绿色枝叶虚化成模糊状，在暗色影调的衬托下前景中淡紫色花朵倍显亮丽、娇嫩。「焦距：60mm ｜光圈：F3.2 ｜快门速度：1/1000s ｜感光度：ISO200」

➤ 构图时将主体大红色花朵置于画面左侧三分之一处，可使画面看起来很舒服，在粉红色亮调背景的映衬下大红色花朵更显耀眼夺目。「焦距：200mm ｜光圈：F4 ｜快门速度：1/100s ｜感光度：ISO100」

11.1.3 散点构图拍摄花卉

散点式构图是指将多个点有规律地呈现在画面中的一种构图手法，其主要特点是“形散而神不散”，特别适合于拍摄大面积花卉。另外，在拍摄鸟群、羊群等类型的题材时也比较常用。

采用这种构图手法拍摄时，要注意花丛的面积不要太大，分布在花丛中的花朵必须很突出，即花朵要在颜色、明暗等方面与环境形成鲜明对比，否则没有星罗棋布的感觉，要突出的花朵也无法在花丛中凸显出来。

采用散点式构图俯视拍摄零星的花朵，较小景深的画面控制使得点状花朵虚实结合、若隐若现，整体自然，给人以节奏感。「焦距：30mm ｜光圈：F5.6 ｜快门速度：1/40s ｜感光度：ISO100」

11.1.4 逆光表现花卉的透亮与纹理

许多花朵有不同的纹理与质感，在拍摄这些花朵时不妨使用逆光拍摄，使半透明的花瓣在画面中表现出一种朦胧的半透明感，使观者通过视觉感受到质感，拍摄此类照片应选择那些花瓣较薄的花朵，否则透光性会较差。

逆光拍摄时，除了能够表现花瓣的纹理与质感，如果环境光线不强，还能够通过使用点测光的方法，将花朵在画面中处理为逆光剪影效果，以表现花朵优美的轮廓线条，拍摄时注意要做负向曝光补偿。

以干净的蓝色天空作为背景，突出了树上花朵的透明质感，画面给人以清新自然的感觉。「焦距：111mm ｜光圈：F8 ｜快门速度：1/1150s ｜感光度：ISO200」

11.1.5　水滴使花朵更娇艳

露珠是近地层空气中的水汽遇冷凝结在地面物体之上形成的小水珠，在太阳升起后受热就会蒸发。在早晨的花园、森林中经常能够发现无数出现在花瓣、叶尖、叶面、枝条上的露珠，在阳光下晶莹闪烁、玲珑可爱，是不容错过的拍摄题材之一。拍摄带有露珠的花朵，能够表现出花朵的娇艳与清新的自然感。

要拍摄有露珠的花朵，最好用微距镜头以特写的景别进行拍摄，使分布在叶面、叶尖、花瓣上的露珠不但有一种雨露滋润的感觉，还能够在画面上形成奇妙的光影效果，景深范围内的露珠清晰明亮、晶莹剔透，而景深外的露珠却形成一些圆形或六角形的光斑，装饰美化着背景，给画面平添几分情趣。

▲ 在花卉上喷洒水并以侧逆光角度拍摄，在深色背景的衬托下花瓣更显轻薄、水珠倍显剔透。「焦距：60mm ｜光圈：F11 ｜快门速度：1/200s ｜感光度：ISO400」

11.1.6　闯入的昆虫点缀花卉画面

单纯只有漂亮花卉的画面，美则美矣，但缺少了生机与灵动，而如果在拍摄时在画面中加入昆虫，则可以弥补此不足，使画面显得生机勃勃。

拍摄昆虫出镜的照片一定要清楚主体是花朵，不要使昆虫在画面中占据过于显著的位置，或在画面比例方面昆虫所占的比例不要过大，否则会造成喧宾夺主，干扰花朵主体的视觉效果。

▲通过俯视角度拍摄绽放的花朵，紫色的花瓣与黄色的花蕊构成色彩对比关系，同时摄影师将停落在花蕊上的蜜蜂一并纳入镜头，使花朵更显生动、鲜活。「焦距：50mm ｜光圈：F8 ｜快门速度：1/200s ｜感光度：ISO100」

11.2 树木

11.2.1 表现树木的剪影轮廓

每一棵树都有独特的外形，或苍枝横展，或垂枝婀娜，这样的树均是很好的拍摄题材，摄影师可以在逆光的位置观察这些树，从中找到轮廓线条优美的拍摄角度。

如果拍摄时，太阳的角度不太低，则应该注意不仅要在画面中捕捉到被拍摄树木的轮廓线条，还要在画面的前景处留出空白，以安排林木投射在地面的阴影线条，使画面不仅有漂亮的光影效果，还能够呈现较强的纵深感。

为了确保树木的轮廓呈现为剪影效果，拍摄时应该用点测光模式对准光源周围进行测光，以获得准确的曝光。

▲ 清晨选择天空中漂亮的云彩为背景逆光拍摄树木，不但渲染了画面，而且使树木的轮廓得以突出表现，前景中大面积的积雪成为天然的反光板，为树木的背光面补光，将树干的细节清晰地表现出来。

11.2.2 利用垂直线构图表现树木的生机勃勃

垂直线构图是表现树木最常用的构图形式，如果要表现树木强劲的生命力，可以采用这种树干在画面中上下穿插直通到底的构图形式，让观者的视线超出画面的范围，产生画面中的主体向外无限延伸的感觉。

如果要表现树木的生机勃勃，可以采取将地面纳入画面，但树干垂直伸出画面的构图形式。

➤ 以中焦进行取景表现笔直的树干，同时竖画幅构图也使垂直方向上的延伸感得到加强。

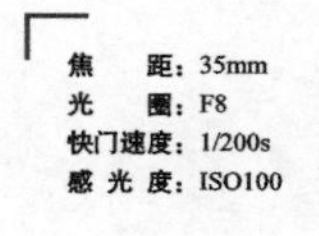

11.2.3　将树木表现为抽象的画面

许多风光摄影师偏爱使用广角镜头拍摄风景，以展现草原、荒野、雪山、湖海的壮阔气势，但如果希望得到更有特色的画面，有时要反其道而行之，即用长焦镜头来拍摄。

长焦镜头能够使画面中不再出现多余、杂乱的风景元素，往往能够获得难得一见的视角。例如，将风景的局部元素抽象成几何图形和大面积的色块，拍摄时要注意通过构图使整个画面有一种几何结构感，要想在这方面有所提高，可以多观赏抽象绘画大师的画作，从中学习其精湛的构图形式。

▲ 利用长焦镜头拍摄树叶，在深色背景的衬托下，半透明树叶的几何感非常醒目，画面看起来简洁、明了。「焦距：200mm ｜光圈：F4 ｜ 快门速度：1/800s ｜ 感光度：ISO100」

11.2.4　捕捉射入林间的光线

当阳光穿透树林时，由于被树叶及树枝遮挡，因此会形成一束束透射林间的放射形光线，这种光线被称为“耶稣圣光”，能够为画面增加一种神圣感。

要拍摄这样的题材，最好选择清晨或黄昏时分，此时太阳斜射向树林中，能够获得最好的画面效果。

在实际拍摄时，可以迎向光线用逆光进行拍摄，也可以与光线平行用侧光进行拍摄。

在曝光方面，可以以林间光线的亮度为准拍摄出暗调照片，衬托林间的光线；也可以在此基础上，增加1~2挡曝光补偿，使画面多一些细节。

▲ 清晨太阳光穿透树林形成放射状光束，在呈剪影的树木的衬托下，给人以神圣感。「焦距：40mm ｜光圈：F9 ｜快门速度：1/20s ｜感光度：ISO400」

11.2.5 逆光表现透明树叶

使用逆光使半透明对象表现出剔透的质感，是摄影中常见的一种表现手法，尤其在拍摄花卉、叶片等较小的半透明对象时，使用逆光可以凸显其透明感与纹理。无论拍摄的是小叶片的特写，还是大面积的树叶，都能够得到不错的画面效果。

要想拍摄出晶莹剔透的树叶，背景的选择比较关键，最理想的背景应该具有偏暗的影调，以凸显出主体叶片的透亮感觉。如果采用的是仰视角度拍摄，以蓝天为背景也是不错的选择。

逆光拍摄时要注意控制曝光补偿，可以遵循“背景亮增加EV值，背景暗减少EV值”的原则进行调整，以获得更为理想的画面效果。

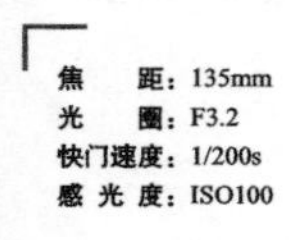

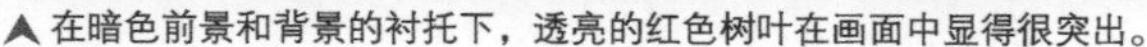
▲ 在暗色前景和背景的衬托下，透亮的红色树叶在画面中显得很突出。

课后任务：拍摄逆光花卉

目标任务：

拍摄逆光下的花卉，得到其脉络清晰的半透明的花瓣效果。

前期准备步骤：

1. 设置相机

为使花卉与背景分离，应设置较大的光圈，并使用点测光的模式对受光线照射的花瓣处进行测光，可得到明暗差距较大的画面。

2. 背景选择

越是暗的背景，就越可衬托出花瓣半透明的效果，除此之外，背景越简单越好，以避免干扰花瓣脉络的表现。

3. 花卉的选择

尽量选择花瓣不太厚，且外形简洁漂亮的花卉，在暗背景的衬托下会更加醒目、明了。

相机实操步骤：

逆光花卉拍摄步骤：

1．选择光圈优先模式，并设置较大的光圈以获得浅景深效果（但要注意，在光线非常充足的情况下，可能会造成快门速度超出相机的极限，此时降低感光度或缩小半挡光圈即可）。

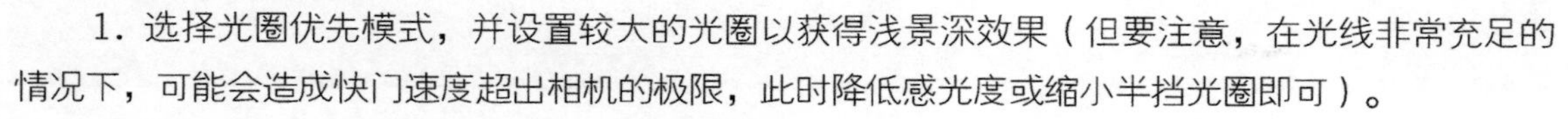

2．设置感光度为ISO100，以保证较高的画质。

3．选择测光模式为中央重点测光。

4．为更好地表现花瓣的纹理，可以适当降低0.3~0.7挡的曝光补偿。

5．半按快门对花瓣进行对焦。

6．对焦成功后，按下快门即完成拍摄。

第12章　建筑、夜景摄影技巧

【学前导读】

在高楼林立的城市里，时尚的建筑比比皆是，运用一些技巧和必要的器材辅助，将建筑与众不同的一面表现出来。

【本章结构】

【学习要领】

1．知识要领

·运用不同的视角、构图和光线来表现建筑

·掌握夜景、烟花、星轨的拍摄技巧

2．能力要领

了解建筑和夜景的特点，并掌握一些拍摄上的技巧

12.1 仰视拍摄耸入云霄的建筑

仰视拍摄是建筑摄影最常用的视角，采用这种角度拍出的画面会使建筑物的线条呈现出向画面中心倾斜汇聚的趋势。

这种向上汇聚的趋势给建筑物带来了塔式的造型，可以营造出建筑雄伟的气势，表现出建筑的高耸与威严。

焦　　距：15mm
光　　圈：F7.1
快门速度：1/200s
感 光 度：ISO100

➤利用广角镜头仰视拍摄建筑物，可增强建筑物高耸的气势。

12.2 俯视感受都市之巅

如果要表现城市或建筑的全貌，则要站在制高点进行俯视角拍摄，这种角度有利于清楚地表现地面上由近至远的层层建筑群体和建筑环境，有宏大场景的纵深感与气魄感，给人“会当凌绝顶，一览众山小”的体验。

▲「焦距：24mm ｜光圈：F6.3 ｜快门速度：1/200s ｜感光度：ISO400 」摄影师选择以制高点进行拍摄，从而使画面中城市的景象更显开阔与壮美。

12.3 用侧光突出建筑的立体感

利用侧光拍摄建筑时，由于光线的原因，画面中会产生阴影或者投影，呈现出比较明显的明暗对比，有利于体现建筑的立体感与空间感，可以强化拍摄对象的轮廓形状以及画面中心地位。在这种光线条件下，可以使画面产生比较完美的艺术效果。

用侧光拍摄建筑时，为了不丢失亮部细节，常常对亮部进行点测光。这样暗部区域的亮度会进一步降低，此时需要注意光比的控制和细节的记录。

▲ 利用侧光拍摄建筑，使其表面的浮雕产生较强的明暗对比，从而使整个画面呈现出很强的浮凸凹陷效果。

12.4　用逆光塑造建筑的形体美

逆光对于表现轮廓分明、结构方面有形式美感的建筑非常有效，如果要拍摄的建筑环境比较杂乱且无法避让，摄影师就可以将拍摄时间安排在傍晚，用天空的余光将建筑拍成剪影效果。此时，太阳即将落下，夜幕将至，华灯初上，拍摄出来的剪影建筑画面中不仅有大片的深色调，还有星星点点的色彩与灯光，使画面明暗平衡、虚实相衬，而且略带神秘感，能够引发观者的联想。

在拍摄时，只需要针对天空中亮处进行测光，建筑物就会由于曝光不足，而呈现出黑色的剪影效果，如果按此方法得到的是半剪影效果，则可以通过降低曝光补偿使暗处更暗，进而将建筑物的轮廓外形更明显地表现出来。

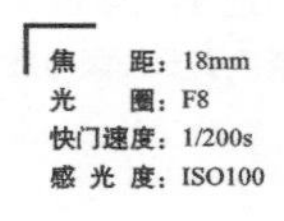

▲ 夕阳照射下，强烈的明暗对比形成的剪影把建筑的形体轮廓很好地勾勒了出来，独特的建筑塑造也是画面的亮点所在。

12.5　拍出极简风格的几何画面

在拍摄建筑时让画面中所展现的元素尽可能少，有时反而会使画面呈现出更加令人印象深刻的视觉效果。在拍摄现代建筑时，可以考虑只表现建筑的细节和局部，利用建筑自身的线条和形状，使画面呈现强烈极简风格的几何美感。

需要注意的是，如果画面中只有数量很少的几个元素，在构图方面则需要非常精确。另外，在拍摄时要大胆利用色彩搭配的技巧，增加画面的视觉冲击力。

▲ 摄影师通过利用建筑本身的线条拍出简洁的局部小景，画面中色彩的冲撞形成强烈的视觉效果，给人一种新鲜别致的视觉感受。

12.6　大小对比突出建筑体量

许多建筑都有惊人的体量，许多游览过埃及金字塔的游客都用“震撼”一词来表达自己的心情，而步行在遥望起来绵延不绝的万里长城时，也只能“惊叹”其长度，这一切实际上都来源于对比。

有对比才有真正的辨别，对比是人类通过视觉观察判断事物的基本方法之一。因此在摄影中，如果希望仅仅通过照片就让观赏者感到“震撼”、“惊叹”，就必须引入对比元素。

例如，可以在画面中安排游人、汽车等观看者容易认知其体量的陪体，在这些陪体的对比和衬托之下，建筑物宏伟的体量、宏大的气魄才会表现得更加充分。

摄影师将建筑周边的游人一同纳入镜头，形成大小对比鲜明的画面视觉，以形体较小的游人衬托出建筑的高大。「焦距：20mm ｜光圈：F13 ｜快门速度：1/250s ｜感光度：ISO100」

12.7　利用斜线构图拍摄大跨度桥梁

如果要表现有较大跨度的桥梁，斜线构图是一种比较好的构图形式，对于拍摄桥梁而言，这种构图有以下两个优点。

一是斜线构图能够通过斜线的长度，在画面中体现出一定的延伸感觉；

二是由于具有一定的倾斜角度，因此桥梁在画面中能够出现强烈的近大远小的空间透视感，从而在二维的平面上展现出三维的空间立体感，进一步增强了桥梁的空间延伸感。

综合运用了斜线构图与对称构图方式，使画面的形式感得到了极大的丰富，由于拍摄的场景有大面积水域，因此拍摄时要注意水面反光率对测光参数的影响，应该在相机测光参数的基础上，再适当进行 1 挡左右的正向曝光补偿。「焦距：14mm ｜光圈：F9 ｜快门速度：1/30s ｜感光度：ISO100」

12.8 表现川流不息的车水马龙

要表现夜间城市的繁忙与喧嚣，最好的题材莫过于拍摄车流，穿梭在不同道路、桥梁的汽车，在慢速快门的拍摄下，会在画面中留下长长的光轨，为画面带来动感与联想空间。

使用低速快门拍摄车流经过时留下的长长的光轨，也是绝大多数摄影爱好者喜爱的城市夜景题材，在拍摄时还需要运用多种构图手法。例如，首先要通过明暗对比，使夜幕中的车流灯轨具有明显的线条感觉；其次，要通过构图手法，使这些光轨具有明显的透视效果，从而加强画面的空间感，因此要拍摄出漂亮的车流灯轨，对拍摄技术有不小的要求，由于要综合运用多种拍摄技术，因此笔者将拍摄车流灯轨的完整步骤列举如下。

▲ 配合星光镜的使用并进行长时间曝光，在星芒状灯光的点缀下，车灯轨迹显得更加灿烂。「焦距：24mm ｜光圈：F22 ｜快门速度：53s ｜感光度：ISO100」

拍摄步骤：

1.拍摄时应该找到一个能够俯视拍摄车流的高点，如高楼或立交桥，从而拍摄出具有透视效果的线条，此时如果选用广角镜头将能够使视野更开阔，在拍摄时应该使用三脚架作为支撑，因为拍摄车流需要长时间曝光，因此稳定性是第一位。

2.相机的曝光模式应该设置为快门优先曝光模式，以通过设置较低的快门速度来获得较长的曝光时间。

3.曝光时间的长短，决定了车辆的灯光在照片中能够划出线条的长度，如果曝光时间不够长，则画面中出现的可能是断开的线条，画面不够美观。

4.拍摄时寻找的道路最好具有一定的弯曲度，从而使车流形成的光线在画面中呈现为漂亮的曲线。

5.如果要使灯光线条出现在空中，则应该拍摄双层巴士，那些出现在空中的灯光线条实际上就是有类似高度的汽车顶灯划过的轨迹。

6.设置感光度数值为最低感光度ISO100（少数中高端相机也支持ISO50 的设置），以保证成像质量。

7.将测光模式设置为矩阵/ 评价测光模式。

8.半按快门对建筑进行对焦（对亮部进行对焦更容易成功，而死黑或死白等单色影像则不容易成功对焦）。

9.确认对焦正确后，按下快门完成拍摄（为避免手按快门时产生震动，推荐使用快门线或遥控器来控制拍摄）。

12.9　蓝调天空夜景

夜幕初降前后是夜景拍摄的最佳时机。在这段时间内，从太阳落山到天色完全变黑，天空会经历一个由白转为浅蓝再变成深蓝的过程，一般持续20分钟左右。由于此时，天空有光亮，地面又恰是华灯初上，因而拍摄出来的照片中既有灿烂的灯光，又有能分辨出明显的轮廓的地面建筑、树木，画面元素显得格外丰富。

拍摄时若想将宝石蓝的天空摄入画面，就必须在太阳沉入地平线之前赶到拍摄现场，遵循先东后西的顺序拍摄，这样就能够在天空在白、蓝、黑三种颜色转变的过程中拍出漂亮的夜景。如果，希望增强画面的蓝调效果，可以将白平衡模式设置为白炽灯模式，或者通过手调色温的方式将色温设置为较低的数值。

另外，有时夕阳西下时，西方天空会出现美丽的晚霞并与华灯、落日交相辉映，拍摄起来会获得别样的画面效果。

▲ 傍晚，宝蓝色的天空与闪亮的城市灯光形成鲜明的色彩对比，使城市夜景显得更加迷人。「焦距：28mm ｜光圈：F12 ｜快门速度：30s ｜感光度：ISO100」

▲ 傍晚拍摄夜景，将白平衡模式调至钨丝灯模式，并利用小光圈配合三脚架的使用，以获得大视角的蓝色调画面。「焦距：18mm ｜光圈：F22 ｜快门速度：7s ｜感光度：ISO100」

12.10 烟花的拍摄技巧

在拍摄烟花之前需要准备电量充足的电池，因为在弱光下拍摄时，需要较长的曝光时间，还需要携带三脚架、快门线。需要注意的是，不要在逆风和顺风的位置拍摄，逆风时烟雾会向摄影师飘来而影响视线，顺风时白色的烟雾会飘在烟花的后面成为其背景，影响烟花色彩的表现。

如果拍摄大场景的焰火，摄影师最好站在视野开阔的高处进行拍摄，并利用附近的建筑物衬托烟花，这样还可以避免拍摄到人头。

烟花从升起到消失一般需要 5~6 秒，而最美丽的画面往往出现在前 2~3 秒，所以在拍摄时，应尽量将曝光时间控制在这个范围之内。烟花绽放时，亮度会比之前的测光值要高，因此应适当地减小光圈值。

如果想要拍摄一束完整的烟花，而又不能让下一束烟花影响画面的话，那么需要在烟花上升时打开快门，在下一束烟花出现而上一束烟花消失前关闭快门。采用 B 门曝光模式，可以将不同时段绽放的烟花齐聚在画面中。按下快门后，用不反光的黑卡纸挡住镜头，每当有合适的烟花出现时，就移开黑卡纸让相机曝光 2~4 秒，多次以后（移开几次的时间需要计算好，不能超出正确曝光所需的时间），关闭快门就可以得到多重烟花同时绽放的照片。

▲ 选择视野开阔的地点拍摄大场景的烟花，可将烟花拍得很完整。「焦距：22mm ｜光圈：F6.3｜ 快门速度：3s｜ 感光度：ISO400」

▲ 如果拍摄烟花时使用过小的光圈和较慢的快门速度，则容易出现曝光不足的问题，合适的光圈和快门速度的组合才可以完美地展现烟花的绚丽。「焦距：27mm ｜光圈：F9｜ 快门速度：6s｜ 感光度：ISO100」

▲ 利用 B 门曝光模式将各种烟花记录在同一张照片上。「焦距：20mm ｜光圈：F4.5｜ 快门速度：7s｜ 感光度：ISO100」

12.11 星轨的拍摄技巧

面对满天的繁星，如果使用极低的快门速度进行拍摄，随着地球自转运动的进行，星星会呈现出漂亮的弧形轨迹。如果时间够长的话，会演变为一个个圆圈，仿佛一个巨型的漩涡笼罩着大地，从而获得正常观看状态下无法见到的视觉效果，使画面充满了神奇色彩。若想记录下漫天的星轨景象，首先要了解关于星轨摄影各方面的准备。

12.11.1 拍摄前期准备

1. 前期准备

首先，要有一台单反或微单（全画幅相机拥有较好的高感控噪能力，画质会比较好），一个大光圈的广角或超广角又或者鱼眼镜头，还可以是长焦或中焦镜头（拍摄雪山星空特写），快门线，相机电池若干，稳定的三脚架，闪光灯（非必备），可调光手电筒，御寒防水衣物，高热量食物，手套，帐篷，睡袋，防潮垫，以及一个良好的体格。

2. 镜头的准备

超广角焦段

以 14~24/16~35 这个焦段为代表，这个焦段能最大限度地在单张照片中纳入更多的星空，尤其是夏季银河（蟹状星云带）。14mm 的单张竖排星空，即使在没有非常准确对准北极星的时候，也能拍到同心圆，便于构图。

广角焦段

以 24~35 这个焦段为代表，虽然没有超广角纳入那么多的星空，但由于拥有 1.4 大光圈的定焦镜头，加之较小的畸变，这个焦段拍摄的画面很适合做全景拼接。

鱼眼

鱼眼通常焦距为 16mm 或更短，视觉接近或等于 180° ，是一种极端的广角镜头。利用鱼眼镜头可以很好地表现出银河的弧度，使得画面充满戏剧性。

12.11.2 拍摄星轨的对焦技巧

在对焦时，星光比较微弱，因而可能很难对焦，此时建议使用手动对焦的方式，至于能否准确对焦，则需要反复拧动对焦环进行查看和验证了。如果只有细微误差，则通过设置较小的光圈并使用广角端进行拍摄，可以在一定程度上回避这个问题。

▲ 拍摄星轨时，使用超广角镜头拍摄不仅可表现更多的天空，而纳入地面景物还可丰富画面元素。

焦　　距：17mm
光　　圈：F10
快门速度：2145s
感 光 度：ISO800

12.11.3 两种拍摄星轨的方法及其各自的优劣

通常来说，星轨有两种拍摄方法，分别为**前期拍摄法与后期堆栈合成法。**

前期拍摄法是指**通过长时间曝光前期拍摄，即拍摄时用B门进行摄影，拍摄时通常要曝光半小时甚至几个小时。**

后期堆栈合成法是指**使用延时摄影的手法进行拍摄，拍摄时通过设置定时快门线，使相机在长达几个小时的时间内，每隔1秒或几秒拍摄一张照片，完成拍摄后，在Photoshop中利用堆栈技术，将这些照片合成为一张星轨迹照片。**

二者各有其优劣，下面分别从不同的角度对比分析一下它们的特点。

曝光时间影响：由于实际拍摄时，可能存在“光污染”问题，例如城市中的各种人造光、建筑反光等，虽然肉眼很难或无法看到，但在长达数百分钟的曝光时间下，会逐渐在照片中显现得越来越明显。因此，若是使用前期长曝拍摄法，则曝光时间越长，越容易受到“光污染”的影响；反之，若是使用后期叠加法只要单张照片不过曝，最终叠加好的星轨就不会过曝。

噪点影响：使用前期长曝拍摄法时，往往需要设置较高的ISO感光度并进行超长时间的曝光，因此很容易出现高ISO噪点与长时间曝光噪点，此外，由于长时间曝光，相机会逐渐变热，还会由此导致热噪点的产生；若是使用后期叠加法，则可以避免长时间曝光噪点与热噪点，同时，在后期叠加时，还会在一定程度上消除高ISO产生的噪点，因此画质更优。

星光疏密影响：使用前期长曝拍摄法时，星光的疏密对最终的拍摄结果有直接影响；后期叠加法可以通过拍摄多张照片，在很大程度上弥补星光过于稀疏的问题。

相机电量影响：使用前期长曝拍摄法时，由于只拍摄一张照片，因此要求在拍摄完成之前，相机必须拥有充足的电量，否则可能前功尽弃；使用后期叠加法，由于是拍摄很多照片进行合成，即使电量耗尽，损失的也只是最后拍摄的一张照片，对整体的照片不会有太大影响。

需要注意的是，无论用哪一种拍摄手法，为了保证画面的清晰度与锐度，一个稳定性优良的三脚架是必备的。如果风比较大的话，还需要在三脚架上悬挂一些有重量的东西，以防止三脚架不够稳固，同时也可使用一些能挡风的工具为相机挡风。

利用延时摄影的手法进行拍摄，并后期合成奇幻的星轨，这样的拍摄方式得到的画面会比较精细（连续拍摄200张合成得到）。

课后任务：拍摄光绘

目标任务：

利用相机设置和巧妙的构图得到有创意的光绘画面。

前期准备步骤：

1．选择适合的镜头

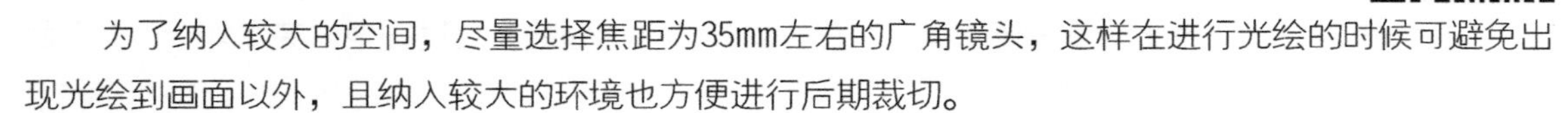

为了纳入较大的空间，尽量选择焦距为35mm左右的广角镜头，这样在进行光绘的时候可避免出现光绘到画面以外，且纳入较大的环境也方便进行后期裁切。

2. 借助于三脚架

由于光绘时间较长，手持相机拍摄画面难免会虚，因此一定要借助于三脚架来固定相机。

3. 选择较暗的环境

为了使光绘的时间更长，效果更突出，应选择在非常暗的环境中进行。

4. 来点创意

有创意的画面非常具有吸引力，这需要在前期就设想好要光绘的内容，也可根据当前的特色来点临时的创作。

相机实操步骤：

光绘拍摄步骤：

1. 选择一个较暗的环境，尽量不要有任何的光源干扰。

2. 负责光绘的人应该尽量穿着黑色、不反光材料的衣服。

3. 准备好荧光棒、LED 灯等发光材料。

4. 将相机置于三脚架上以保持其稳定。

5. 将ISO设置为100，以保证较高画质。

6. 选择B门模式，并设置F16~F22的小光圈。这种小光圈除了可以增加景深，避免可能存在的对焦不准外，还可以尽可能避免由发光物体照亮人物引起的鬼影。

7. 对焦时，可以对发光体进行对焦，并保证发光体在后面的光绘过程中，基本处于一个平面之上，从而避免出现跑焦的问题。

8. 在对焦成功之后，可切换至手动对焦模式，以保证正式拍摄时，可以得到准确的对焦结果。

9. 准备就绪后，按下快门即可开始曝光，此时，摄影者可以拿着发光体进行移动、绘制等，待完成后，释放快门即可（为避免手按快门时产生震动，推荐使用快门线或遥控器来控制拍摄）。

第13章　鸟类、动物、宠物、昆虫摄影技巧

【学前导读】

大自然中那么多的生灵都可以进行拍摄，如天空飞翔的鸟儿、野性十足的动物、可爱萌蠢的宠物、千奇百怪的昆虫等，不同的拍摄对象需要不同的拍摄技巧，根据其特色进行表现才能得到精彩的画面。

【本章结构】

【学习要领】

1．知识要领

了解不同物种的特征及生活习性

2．能力要领

对于不同物种进行拍摄时，需掌握基本的器材选择、相机设置和构图特点等。

13.1 鸟类

13.1.1 对焦决定鸟类摄影的成败

飞鸟的飞行速度可能会很快，如果选取单次自动对焦，很可能无法在对焦和按下快门的时间差内，保证被摄体仍然在焦点范围之内；如果使用连续自动对焦，则能使被摄体时刻保持清晰。同时启用相机的高速连拍模式，只要按下快门不放，就能连续拍摄数张照片，之后选取一张质量最高的就可以了。

▲飞鸟的速度相当快，若不是使用连续自动对焦模式，则很难拍摄到如此清晰的细节。高速连拍数张照片，从构图、被摄体形态等方面综合考虑，即可选出最满意的作品。

13.1.2　仰拍天空中的鸟儿

通过仰视以天空为背景拍摄树枝上的鸟儿，不但可以避开杂乱的枝叶，还可以将蓝天作为画面的背景，衬托出鸟的轮廓与羽毛。采用这种手法进行拍摄时，应注意避免在画面中仅仅出现一根树枝与鸟儿的构图形式，而是通过构图在画面中纳入更多的环境元素，以丰富画面。

▲ 以仰视的角度拍摄停落于枝头上的飞鸟，可避开杂乱的枝叶，简化画面，使鸟儿在画面中更突出。「焦距：300mm ｜光圈：f/6.3 ｜快门速度：1/2000s ｜感光度：ISO320」

13.1.3　俯拍水面上的鸟儿

通过俯视以水面或草地为背景拍摄游禽时，可以选择既能突出主体，又可以说明拍摄环境的水面区域为背景。水面上被游禽划出的一道道涟漪能让画面极具动感。如果水面有较强的反射光，则可以使用偏振镜减弱反光。另外，由于水面的反光率较高，因此应该降低1挡曝光量，以避免曝光过度。

▲ 俯视角度拍摄水面上的天鹅，既能突出主体，又可以说明拍摄环境。「焦距：200mm ｜光圈：f/11 ｜快门速度：1/400s ｜感光度：ISO800」

13.1.4 逆光表现鸟的羽毛质感

逆光下，鸟类的羽毛在光线的照射下，会在其形体外出现一层明亮的外形轮廓，其效果很是醒目、耀眼，整个画面形成半剪影的效果。

而如果逆光的效果较强，或拍摄时做了负的曝光补偿，则能够在画面中展现出深黑的鸟类轮廓剪影，主体原有的细节、层次和色彩均被隐藏，鸟类的主体形象突出，整体影调统一。

在拍摄剪影或半剪影效果的照片时，如果光线较强，可以考虑将画面处理为半剪影效果，而画面的整体基调可以暖色调为主；如果光线不强，例如拍摄的时间段是傍晚甚至是光线较明亮的夜晚，则可以通过将测光模式设置为点测光的模式，针对天空的较明亮处测光，使鸟儿的主体因曝光不足而全部成为剪影效果，而画面的基调则可以考虑以蓝色为主。

「焦距: 400mm | 光圈: F8 | 快门速度: 1/2000s | 感光度 :ISO400」

▲ 逆光光线拍摄，鸟儿洁白的羽毛在阳光的照耀下变成半透明状，看起来十分漂亮。

「焦距：200mm | 光圈：F9 | 快门速度：1/2500s | 感光度 :ISO200」

▲ 逆光表现鸟儿展开翅膀的瞬间，洁白的羽毛在阳光的照耀下变成半透明状，画面整体也沉浸在太阳暖色调的氛围中，显得十分有意境。

13.2 动物

13.2.1　虚化笼子拍摄动物

动物照片中的铁笼有时也让人觉得不舒服，如果铁笼的网洞足够大，我们可以直接将相机镜头伸进去，这样就可以避免拍摄到碍眼的铁笼了。但需要特别注意的是，如果动物离笼子比较近，还是要小心一些，尤其在镜头刚刚好伸进去的时候（如果网洞略小一点的话，就不要硬塞进去，否则会划坏镜头），如果遇到突发事件，很容易因猛地抽回相机而划坏镜头，严重的甚至可能会损坏镜头与相机的卡口。

如果铁笼的铁丝不是非常粗，而镜头光圈也够大时，可以用镜头抵住铁丝网，通过使用大光圈来虚化铁丝网。

▲避开铁网拍摄会使画面看起来比较舒服，主体也更加突出，但拍摄时需要注意安全。「焦距：300mm ｜光圈：F4｜ 快门速度：1/250s｜ 感光度：ISO100」

13.2.2 表现动物的情感

一个漂亮的画面，只能够令人赞叹，而一个有意义、有情感的画面则令人难忘，这正是摄影的力量。

与人类一样，动物同样拥有丰富的情感世界，也有喜怒哀愁，情感不同会表现出不同的动作。以艺术写意的手法来表现动物在自然生态环境中感人至深的情感，就能够为照片带来感情色彩，从而打动观者。

因此，在拍摄动物时，可以注意捕捉动物之间喂哺、争吵、呵护的画面，这样拍出的照片就具有了超越同类作品的内涵，使人感觉到画面中的动物是鲜活的，与人类一样有情、有爱、有生、有死，从而引起观者的情感共鸣。

▲ 摄影师抓拍到了两只豹子亲昵的动作，画面表达出了它们之间的浓浓的深情。「焦距：500mm ｜光圈：F6.34｜ 快门速度：1/160s｜ 感光度：ISO160」

13.2.3　用逆光为动物毛发增加漂亮的金边

大部分动物的毛发在侧逆光或逆光的条件下，会呈现出半透明的光晕。运用这两种光线拍摄毛发茂盛的动物，不仅能够生动而强烈地表现出动物的外形和轮廓，还能够在相对明亮的背景下突出主体，使主体与背景分离。

在拍摄时，应该利用点测光模式对准动物身体上稍亮一点的区域进行测光，从而使动物身体轮廓周围的半透明毛发呈现出一圈发亮的光晕，同时兼顾动物身体背光处的毛发细节。

摄影师以逆光拍摄绵羊群，阳光照射在它们的身上形成一圈金边，使其在画面中十分突出。「焦距：105mm ｜光圈：f/6.5 ｜快门速度：1/640s ｜感光度：ISO320」

13.3 宠物

13.3.1 运用道具转移宠物注意力

对宠物而言，任何一个小物件都可能是新奇的，虽然这个小物件甚至可能不是一个真正的玩具。因此，只要善于利用身边的小道具来吸引宠物的注意力，就能够拍摄出生动有趣的宠物照片。家里常用的物件都可以成为很好的道具，如毛线团、毛绒玩具，甚至是一卷手纸都能够在拍摄中派上用场。

还可以为宠物穿上可爱的小衣服，或者是让宠物钻进一个篮子里，以使拍摄的照片更加生动、有趣。

▲ 利用一枝花勾起猫咪的好奇心，在它全神贯注琢磨眼前的新鲜玩意儿时，摄影师按下了快门。「焦距：45mm ｜光圈：F9 ｜快门速度：1/320s ｜感光度：ISO400」

焦　距：70mm
光　圈：F4.5
快门速度：1/200s
感 光 度：ISO800

➤ 将蛋糕摆在端坐的小狗面前，狗狗配合的表情让画面变得十分有趣。

13.3.2 不同角度拍摄展现不一样的宠物

俯视动物的萌表情

垂直俯视时，利用广角镜头的透视畸变性能，使看向镜头的宠物产生少许变形，其萌萌的表情很惹人怜爱，也使画面多了几分趣味性。

▲ 宠物的身形通常都比较娇小，因此大多数情况下采用的是俯拍，此时将狗狗的眼睛作为画面重点，突出表现其懵懂、单纯的天性。「焦距：50mm ｜光圈：F1.8｜ 快门速度：1/320s｜ 感光度：ISO400」

平视表现真实自然的宠物

放低的角度与宠物的视线在同一水平线上，减弱了宠物的防备心理，让宠物依然处于自己的世界中，使照片显得更自然。

▲ 采用平视角度拍摄，表现出一种人与动物的平等感，画面看起来非常自然，有亲近感。「焦距：82mm ｜光圈：F4.5｜ 快门速度：1/800s｜ 感光度：ISO400」

仰视表现特殊视角的宠物

俯视是人观察宠物最常见的视角，因此在拍摄相同的内容时，总是在视觉上略显平淡。因此，除了一些特殊的表现内容外，可以多尝试仰拍。当然，由于多数宠物还是比较“娇小”的，因此至少我们应该保证大致以平视的角度进行拍摄。

▲ 仰视以天空为背景拍摄萌萌的猫咪，猫咪警惕的眼神在画面中很突出。「焦距：135mm ｜光圈：F3.5｜ 快门速度：1/500s｜ 感光度：ISO100」

13.4　昆虫

13.4.1　拍摄微距昆虫画面时对景深的控制

在进行微距拍摄时，可以使用光圈优先模式来控制景深的大小。由于微距镜头本身具有非常高的放大倍率，如果光圈过大则会使画面景深过小，很容易产生对焦不准或虚化范围过多等问题，所以一般情况下建议使用小光圈。不过，如果使用普通镜头拍摄，就需要使用大光圈来虚化背景，来模拟微距镜头的效果。

▲ 小景深的画面中昆虫的细节之处也清晰可见，在绿叶的衬托下，画面非常好看。

13.4.2　手动对焦，使主体更清晰

很多时候，在进行微距拍摄时，会遇到昆虫移动位置，或者刮风等因素而影响相机自动对焦的清晰度，所以使用手动对焦在拍摄中更有利于准确对焦，获取更高质量的画面。

精确的手动对焦需要更多经验和耐心，即使拍摄的是蜗牛这样行动迟缓的对象，也可能由其不停晃动的触角，使手动对焦造成模糊，更不用说蝴蝶、蜜蜂等行动迅速的昆虫，因此这种对焦手法比较适用于移动迟缓或会长时间停止不动的被拍摄对象。

另外，使用这种手动对焦时，建议以即时取景的状态拍摄，这样能够在液晶显示屏中清晰地看到昆虫的眼睛、毛发等位置是否精确合焦，拍摄成功的概率要远大于使用取景器拍摄。

▲ 手动对焦拍摄蔬菜的局部，表现出的画面非常精致，抽象构图使画面更具新意。

13.4.3 选择最适合的构图形式

由于昆虫常常出现在花丛中或树叶上，在拍摄时要适当调整角度，让画面中被摄主体的阴影尽量减少。拍摄昆虫类照片时，对于用光的调整比较难，但是对于拍摄角度的调整相对比较容易一些，我们要做的就是用最快的速度找到昆虫最美的角度，然后按下快门。

▲ 构图时可使昆虫的头部占据整个画面，细节的完美表现使画面看上去十分震撼。「焦距：100mm ｜光圈：F6.3｜ 快门速度：1/320s｜ 感光度：ISO100」

利用特写强调细节

在微距摄影中，为了强调拍摄对象的细节，常常将其局部充满画面，或者占据画面的大部分面积，从而达到突出主体的目的。

斜线构图表现昆虫身体线条

对于那些身体较长的昆虫而言，斜线构图是最常见的构图形式之一，通常是以昆虫本身的线条，或通过倾斜相机等形式，让画面具有一定的倾斜，从而形成斜线构图形式，增加画面的延伸感与动感。

▲ 通常会采用斜线构图表现体型较长的昆虫，这样的构图方法可使画面看起来很舒服。「焦距：65mm ｜光圈：F9｜ 快门速度：1/250s｜ 感光度：ISO100」

黄金分割构图表现小体型的昆虫

如果拍摄的昆虫身体较小，为了更好地突出昆虫在画面中的主体地位，建议使用黄金分割构图法。

原因很简单，将画面中想要表现的主体或主体的头部置于画面横竖三等分线的位置，或者置于其分割线的四个交点位置，使其处于画面的视觉焦点上，这样的构图方法可以使原本娇小的昆虫在画面中显得非常突出，更容易引起观者的注意。

▲ 瓢虫的体型虽然很小，在构图时将其置于画面的黄金分割点处一样可起到引人注目的效果。「焦距：100mm ｜光圈：F11｜ 快门速度：1/60s｜ 感光度：ISO100」

13.4.4 逆光下拍摄半透明感觉的昆虫

如果要获得明快、细腻的画面效果，可以使用顺光拍摄昆虫，但这样的画面略显平淡。

如果拍摄时使用逆光或侧逆光，则能够通过一圈明亮的轮廓光，勾勒出昆虫的形体。

在拍摄蜜蜂、蜻蜓这类有薄薄羽翼的昆虫时，如果选择逆光或侧逆光的角度拍摄，还可使其羽翼在深色背景的衬托下显得晶莹剔透，使人感觉昆虫更加轻盈，让画面显得更精致。

▲逆光拍摄的蝴蝶，翅膀变成金黄色，使颜色单一的蝴蝶变得更加美丽。

➤采用逆光拍摄蝴蝶，在深色背景的衬托下，将其半透明状的翅膀表现得很别致。「焦距：100mm｜光圈：F3.2｜快门速度：1/250s｜感光度：ISO100」

课后任务：手持微距镜头拍摄昆虫

目标任务：

利用微距镜头拍摄昆虫，得到小景深的画面，注意画面的清晰度，并选择合适的构图使其在画面中不仅突出且美观。

前期准备步骤：

1. 选择微距镜头

可根据要拍摄昆虫的特点选择微距镜头，如果是不易受到惊扰的昆虫，可选择选择焦距为60mm的微距镜头，如果是较易受到惊扰的昆虫可选择焦距为100mm、105mm、150mm、180mm的微距镜头。

2. 手动对焦更清晰

由于微距画面的景深非常小，此时尽量使用手动对焦的形式，避免出现跑焦的情况，以得到清晰的画面。

3. 微距画面也需要创意

拍摄微距画面除了微观世界带给观者很新颖的视觉效果，有创意的画面也非常重要，比如逆光角度拍摄、将环境与昆虫结合的拍摄，都会区别于千篇一律的微距画面。

相机实操步骤：

手持微距镜头拍摄昆虫步骤：

1. 尽可能在不会吓跑昆虫的距离上进行基本的构图。

2. 选择光圈优先模式并设置光圈值为F6.3~F13，以保证适当的景深（光圈太大，景深会极浅，容易出现跑焦的问题；光圈太小，几乎所有的微距镜头在F14以后，成像质量都会巨幅下降，因此不推荐使用）。

3. 将ISO设置为100~200，以保证较高画质。但如果光线不充足，快门速度过低，则应适当提高感光度或光圈。

4. 若使用闪光灯进行补光，应根据不同的闪光灯类型进行适当的参数设置。

5. 将对焦模式设置为单次自动对焦模式。建议选择中央对焦点进行单点对焦。

6. 将测光模式设置为矩阵/评价测光，针对被摄的对象测光（微距镜头的放大倍率较高，在拍摄时很容易因为轻微的抖动使画面模糊，因此在手持拍摄时，建议让快门速度保持在安全快门2倍以上的数值，可增大光圈或感光度来提高快门速度）。

7. 可适度进行负曝光补偿调整，以增加画面色彩饱和度。

8. 半按快门对焦。建议在对焦后不要进行重新构图，以免出现失焦的问题（此处宁可适当拍摄一些多余的画面，然后在后期处理时再将其裁掉，也尽可能避免失焦的问题）。

9. 确定被摄范围后，按下快门完成拍摄。

第14章 常用数码照片修饰与处理技法

【学前导读】

拍摄时难免有些小失误和小漏洞，只能通过后期的调整进行“再加工”，除了基本的画面调整，还可以对画面进行“再创造”，以得到更精彩的画面。

【本章结构】

【学习要领】

1. 知识要领

·对构图不合适的画面进行裁切

·对照片在明暗、颜色、清晰度上进行调整

2. 能力要领

掌握基本的后期调整技巧

14.1　使照片旧貌换新颜的裁切技巧

14.1.1　通过裁剪使主体位于黄金分割点上

在拍摄时，很可能由于匆忙构图或未开启构图辅助线，导致未能以三分法构图，或将主体置于黄金分割点上，此时就可以使用Photoshop中的裁剪功能，很方便地对照片进行二次构图处理，下面将以通过裁剪使主体位于黄金分割点上为例，讲解其操作方法。

1. 打开本书配套教学资源包中的文件“通过裁剪使主体位于黄金分割点上-素材.jpg”，如图14.1所示。

2. 选择裁剪工具并在图像中单击鼠标，默认情况下，将显示如图14.2所示的裁剪控制框以及内部的三分网格。

图14.1

图14.2

3. 分别拖动裁剪控制框四角及边缘的控制句柄，以改变裁剪的范围，直至得到类似如图14.3所示的效果。

4. 按Enter键确认裁剪，得到如图14.4所示的最终效果。

图14.3

图14.4

处理前后效果对比图

14.1.2　通过裁剪使倾斜地平线重获水平

在拍摄时，若相机倾斜或未打开水平仪，则可能会导致拍摄出的照片中，地平线是倾斜的，此时使用Photoshop中的拉直工具可以容易地对其进行校正处理，其操作步骤如下。

1. 打开本书配套教学资源包中的文件“通过裁剪使倾斜地平线重获水平-素材.jpg”，如图14.5所示。

2. 选择裁剪工具并在其工具选项条上设置参数，如图14.6所示。

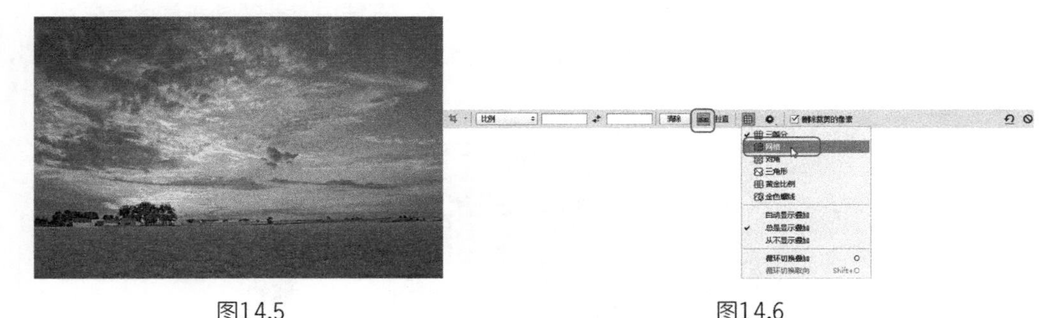

图14.5　　图14.6

3. 使用裁剪工具在画布中单击一下，即可调出裁剪控制框，如图14.7所示。

4. 使用拉直工具沿着照片中的地平线，从右向左进行拖动，并保证该线条与地平线相平行，如图14.8所示。

图14.7

图14.8

5. 释放鼠标左键后，软件将自动校正照片的倾斜，如图14.9所示。

6. 确认校正无误后，按Enter键确认裁剪即可，如图14.10所示。

图14.9

图14.10

处理前后效果对比图

14.2 使照片层次更加细腻的调整技巧

14.2.1 利用阴影高光命令恢复照片暗处细节

在拍摄照片时，若周围的光线不足，或明暗对比较大时，就容易出现照片整体偏暗或曝光不足的问题，此时，就可以使用“阴影/高光”命令来恢复其中的细节。使用此命令也可以用于恢复高光区域中的细节，但恢复的效果要比恢复阴影区域细节差很多，在使用时要特别注意这一点。

1. 打开本书配套教学资源包中的文件“利用阴影高光命令恢复照片暗处细节-素材.jpg”，如图14.11所示。

图14.11

2. 按Ctrl+J键复制“背景”图层得到“图层1”，在其图层名称上单击鼠标右键，在弹出的菜单中选择“转换为智能对象”命令。这样的目的是为了在下面应用“阴影/高光”命令后，可以生成一个对应的智能命令，双击它可以反复进行编辑和修改。

3. 选择“图像－调整－阴影/高光”命令，在弹出的对话框中设置“阴影”参数，如图14.12所示，以显示出阴影区域的图像，如图14.13所示。

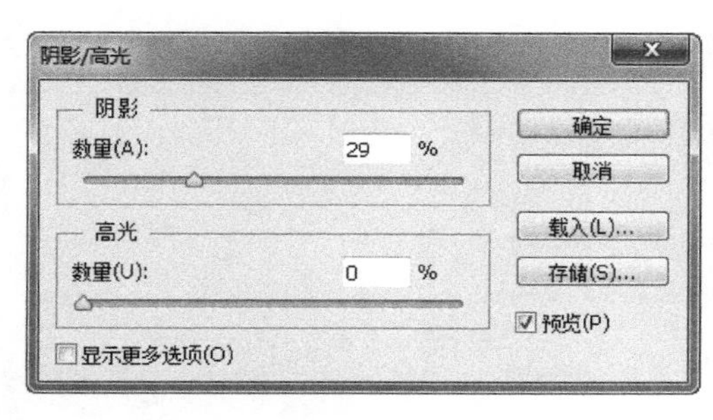

图14.12

图14.13

4. 继续在对话框中设置“高光”参数，如图14.14所示，以显示出砖墙部分的细节，如图14.15所示。

5. 设置完成后，单击“确定”按钮退出对话框，完成对图像的调整，此时会在“图层1”下方生成一个相应的智能命令，如图14.16所示。

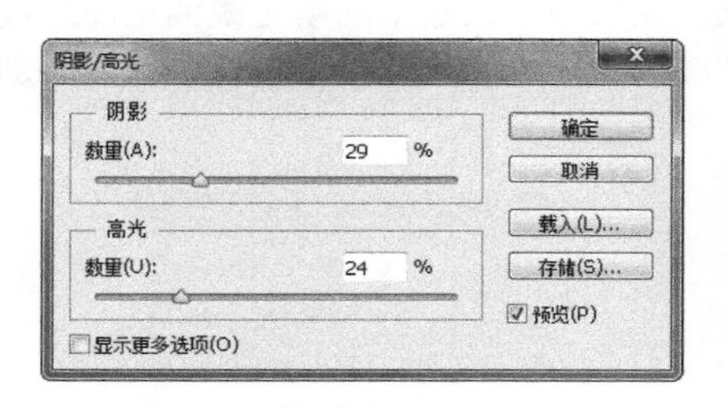

图14.14

图14.15

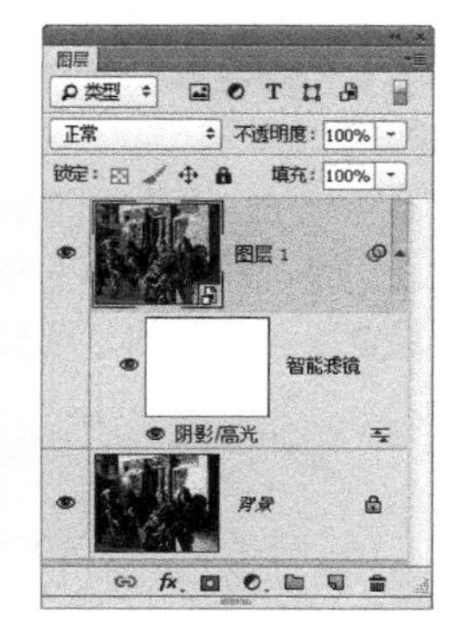

图14.16

处理前后效果对比图

14.2.2　利用曲线调整图层将逆光照片调整为顺光效果

逆光拍摄剪影效果是比较常见的拍摄手法，但有些时候，并不想拍摄剪影时，却受到逆光的影响，导致拍摄主体一片黑暗，此时可以使用Photoshop中的调整功能进行校正，甚至可以达到将逆光变为顺光的神奇效果。

1. 打开本书配套教学资源包中的文件“利用曲线调整图层将逆光照片调整为顺光-素材.jpg”，如图14.17所示。

2. 按Ctrl+J键复制“背景”图层得到“图层1”，在其图层名称上单击鼠标右键，在弹出的菜单中选择“转换为智能对象”命令。这样的目的是为了在下面应用“阴影/高光”命令后，可以生成一个对应的智能命令，双击它可以反复进行编辑和修改。

3. 选择“图像－调整－阴影/高光”命令，在弹出的对话框中设置“阴影”参数，如图14.18所示，以显示出阴影区域的图像，如图14.19所示。

图14.17

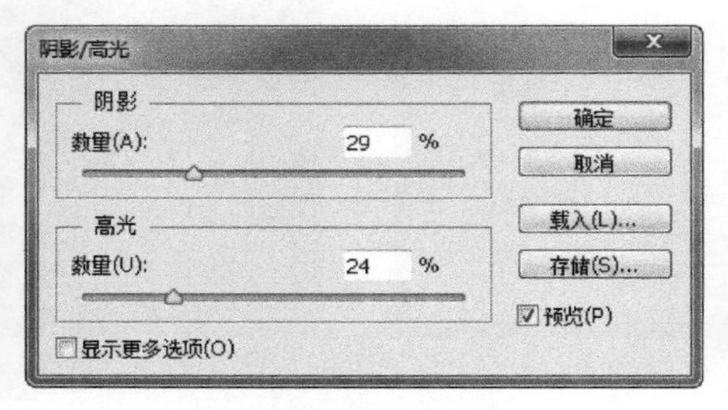

图14.18

图14.19

4. 设置完成后，单击“确定”按钮退出对话框，完成对图像的调整，此时会在“图层1”下方生成一个相应的智能命令，如图14.20所示。

5. 下面需要分别对主体图像与背景天空进行调整，因此需要创建相应的选区。选择魔棒工具，在其工具选项条保持默认参数即可，然后按住Shift键在主体以外的天空处单击鼠标，以将其全部选中，如图14.21所示。

6. 按Ctrl+Shift+I键执行“反向”操作，然后单击“图层”面板中的创建新的填充或调整图层按钮，在弹出的菜单中选择“曲线”命令，以创建得到“曲线1”调整图层，并为其依据当前的选区添加图层蒙版，此时的“图层”面板如图14.22所示。

图14.20

图14.21

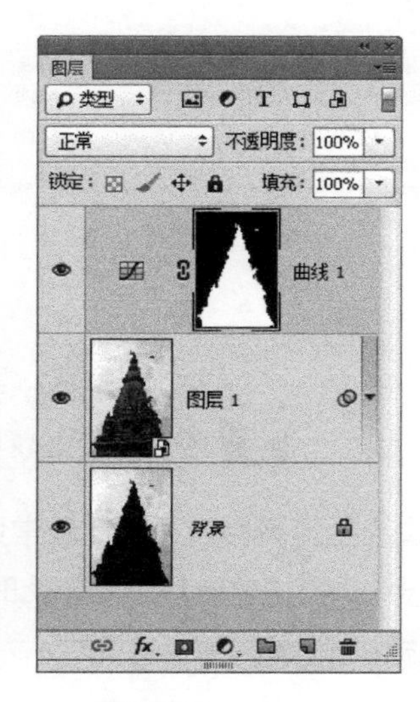

图14.22

7. 创建“曲线1”调整图层后，在弹出的“属性”面板中设置其曲线参数，如图14.23所示，并得到如图14.24所示的效果。

8. 下面来调整天空区域的亮度。按Ctrl键单击“曲线1”图层蒙版的缩略图以载入其选区，按Ctrl+shift+I键执行“反向”操作。

9. 按照第6~7步的方法，再次创建“曲线2”调整图层，分别在“通道”下拉列表中选择不同的通道，并编辑其曲线，如图14.25~图14.28所示，得到如图14.29所示的效果，此时的“图层”面板如图14.30所示。

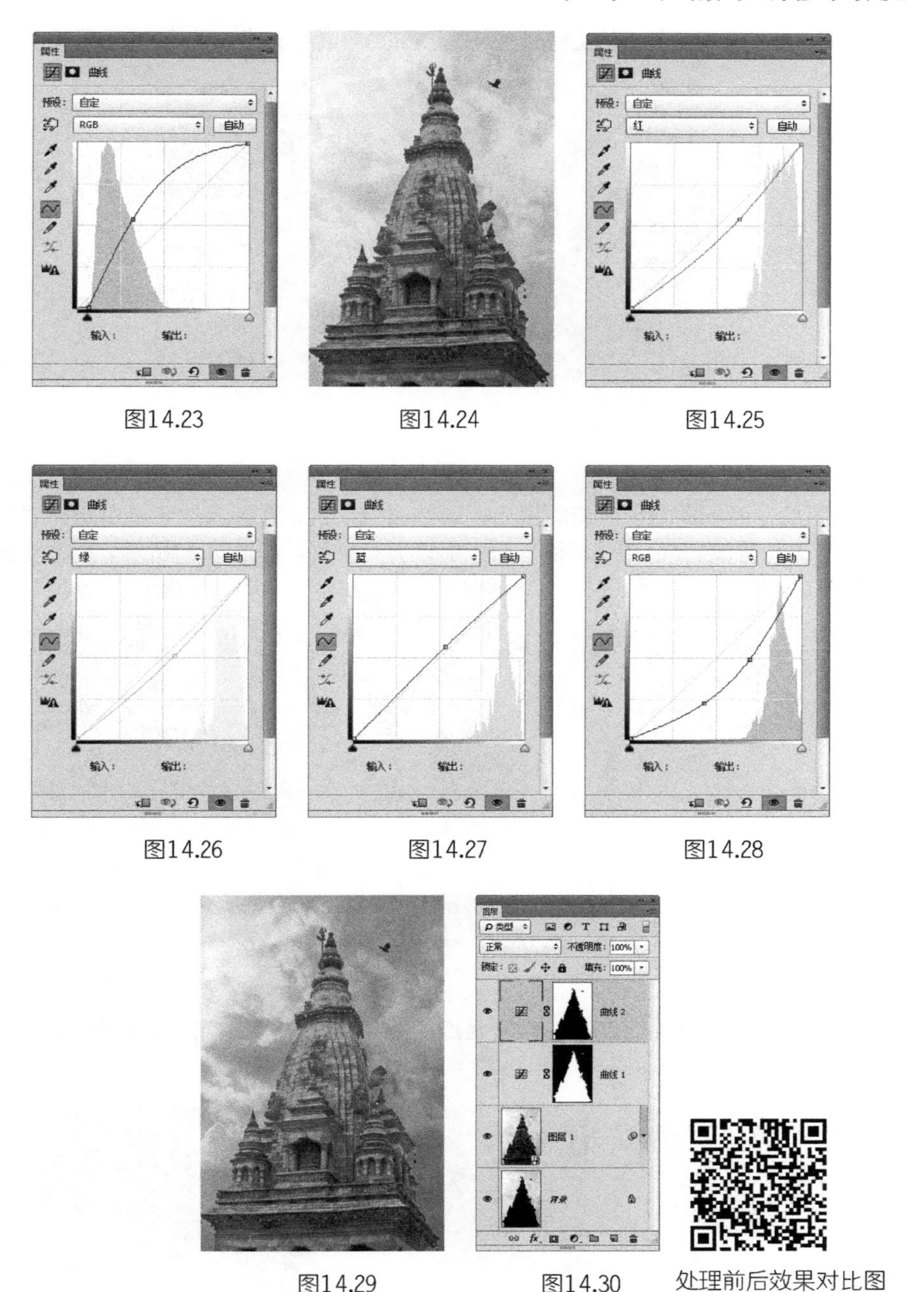

图14.23　图14.24　图14.25

图14.26　图14.27　图14.28

图14.29　图14.30　处理前后效果对比图

14.3　使照片眼前一亮的调色技巧

14.3.1　赋予照片冷色调

在拍摄照片时，虽然可以通过控制白平衡来改变照片的色调，但一来无法直观地控制，二来在拍摄多样化的场景时，不同的色调需求可能让用户无法及时更换正确的白平衡，来获得想要的色调。此时，可以使用Photoshop中的“照片滤镜”功能进行调整。掌握此命令后，还可以尝试调整得到其他的色调效果。

1. 打开本书配套教学资源包中的文件“赋予照片冷色调-素材.jpg”，如图14.31所示。

图14.31

2. 单击“图层”面板中的创建新的填充或调整图层按钮，在弹出的菜单中选择“照片滤镜”命令，得到图层“照片滤镜1”，在“属性”面板中设置其参数，如图14.32所示，以改变图像整体的色调，并得到如图14.33所示的效果。

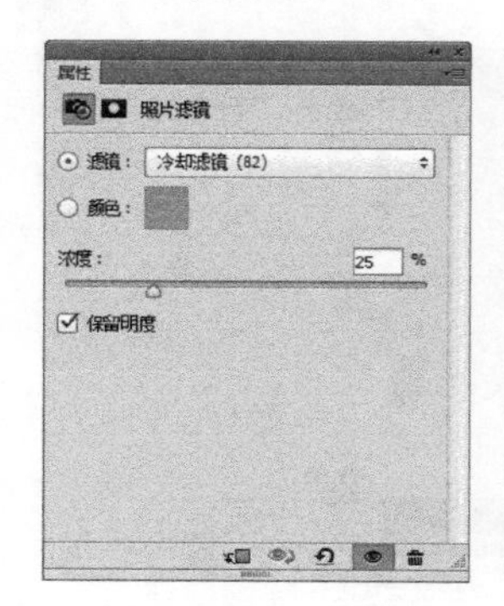

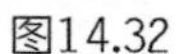

图14.32　　图14.33

3. 向右拖动“浓度”滑块，以进一步增强冷调效果，如图14.34所示，得到如图14.35所示的效果。

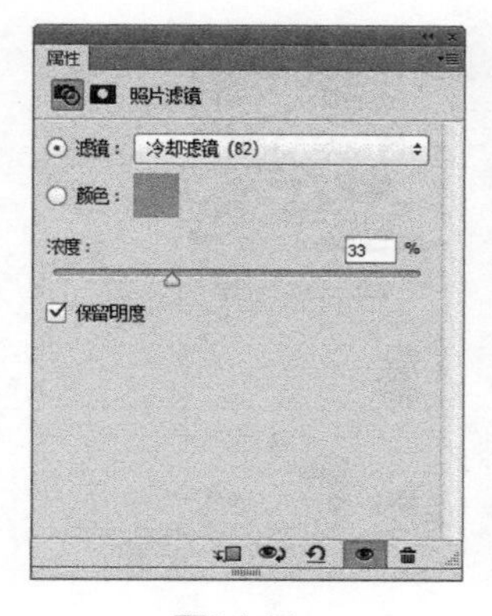

图14.34　　图14.35　　处理前后效果对比图

14.3.2 加强夕阳照片的暖色调

在本例中，主要是使用“色彩平衡”命令，对照片的整体色调进行调整，再使用“可选颜色”命令对细节色彩进行调整。在选片时，建议选择夕阳或日出时分，带有暖调光线的画面，可以得到

较好的调整效果。

1. 打开本书配套教学资源包中的文件“加强夕阳照片的暖色调-素材.jpg”，如图14.36所示。

图14.36

2. 首先，调整一下照片高光区域的色彩，使其暖色更加浓郁。单击创建新的填充或调整图层按钮，在弹出的菜单中选择“色彩平衡”命令，创建得到“色彩平衡1”调整图层，然后在“属性”面板中设置参数，如图14.37所示，并得到如图14.38所示的效果。

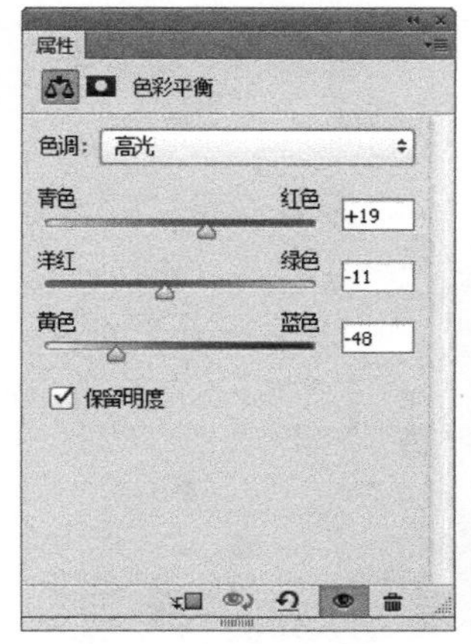

图14.37

图14.38

3. 下面来细调照片的色彩，单击创建新的填充或调整图层按钮，在弹出的菜单中选择“可选颜色”命令。

4. 创建得到“可选颜色1”调整图层，然后在“属性”面板中设置参数，如图14.39、图14.40所示，得到如图14.41所示的效果。

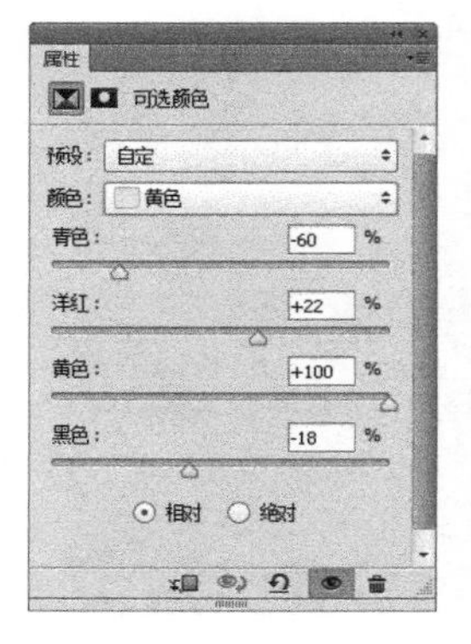

图14.39

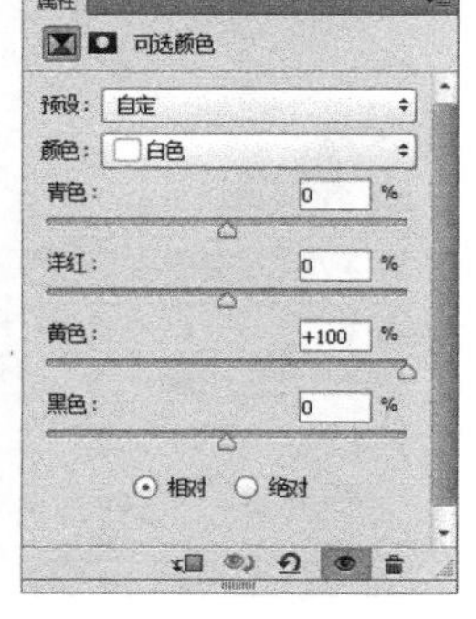

图14.40

图14.41

5. 最后，来锐化一下照片整体。按Ctrl+Alt+Shift+E键将所有的图像合并至新图层中，得到“图层1”。选择“滤镜－锐化－USM锐化”命令，设置弹出的对话框如图14.42所示，图14.43所示的是处理前后的对比效果。照片的整体效果如图14.44所示，对应的“图层”面板如图14.45所示。

图14.42

图14.43

图14.44

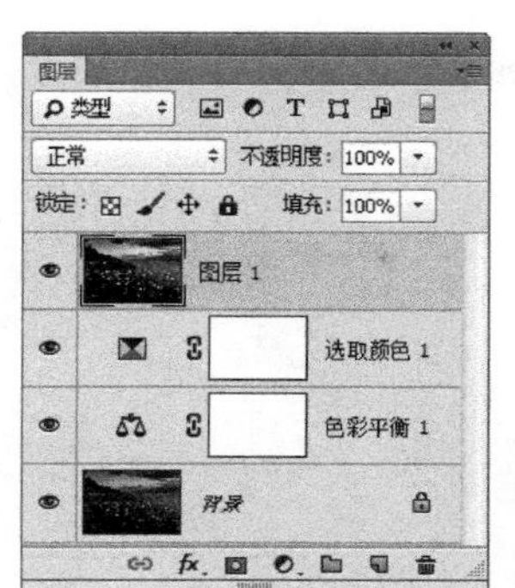

图14.45　　处理前后效果对比图

14.3.3　让照片不再灰蒙蒙

默认情况下，使用单反相机拍摄出的照片都应该适当增强一下对比度，此外，受环境光线、曝光参数等影响，可能会出现曝光不足的问题，照片显得灰蒙蒙的，此时可以通过Photoshop中提供的简单功能进行快速的调整与校正，在调整时要特别注意避免高光区域曝光过度的问题。

1. 打开本书配套教学资源包中的文件“让照片不再灰蒙蒙-素材.jpg”，如图14.46所示。

图14.46

2. 单击创建新的填充或调整图层按钮，在弹出的菜单中选择“亮度/对比度”命令，得到图层“亮度/对比度1”，在“属性”面板中设置其参数，如图14.47所示，以调整图像的亮度及对比度，得到如图14.48所示的效果。

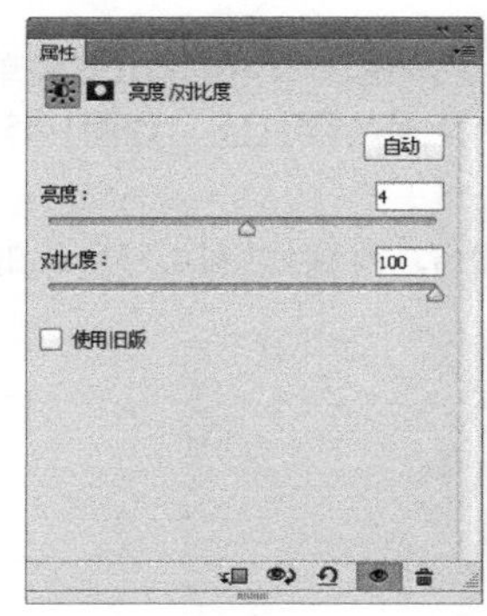

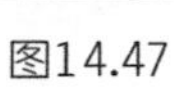

图14.47　　图14.48

3. 单击创建新的填充或调整图层按钮，在弹出的菜单中选择“自然饱和度”命令，得到图层“自然饱和度1”，在“属性”面板中设置其参数，如图14.49所示，以调整图像整体的饱和度，得到如图14.50所示的效果。

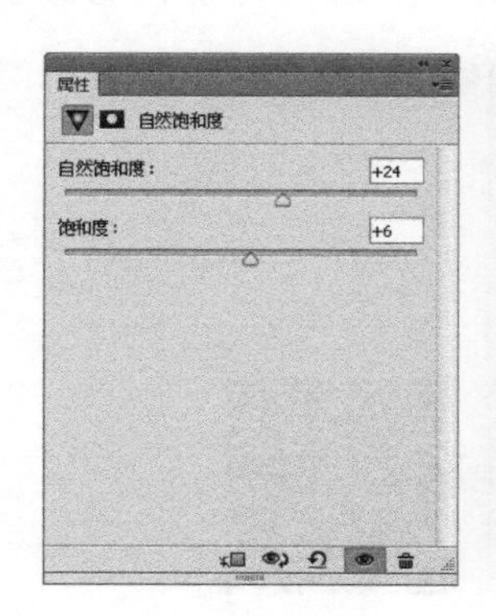

图14.49

图14.50

处理前后效果对比图

14.3.4　将树叶调整成为金黄色

在本例中，主要是使用“色阶”命令调整照片的曝光，然后结合“可选颜色”、“自然饱和度”、颜色填充以及图层混合模式等功能，将原本以绿色为主的树木处理为秋天的金色效果。在选片时，往往不可避免的会拍摄到天空，此时应特别注意避免天空曝光过度的问题。

1. 打开本书配套教学资源包中的文件“将树叶调整成为金黄色-素材.jpg”，如图14.51所示。

2. 首先，来调整照片的曝光。单击创建新的填充或调整图层按钮，在弹出的菜单中选择“色阶”命令，创建得到“色阶1”调整图层，然后在“属性”面板中设置参数，如图14.52所示，以提亮照片整体，设置后效果如图14.53所示。

图14.51

图14.52

图14.53

3. 下面来调整照片整体的色调。单击创建新的填充或调整图层按钮，在弹出的菜单中选择“颜色”命令，创建得到“颜色填充1”图层，然后在弹出的对话框中设置其颜色值，如图14.54所示，单击“确定”按钮退出对话框。

4. 设置“颜色填充1”的混合模式为“颜色”，不透明度为20%，得到如图14.55所示的效果。

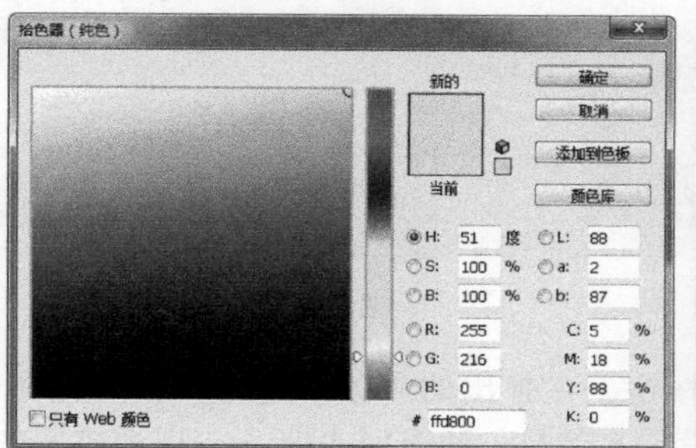

图14.54

图14.55

5. 下面来分别针对照片中各部分的色彩进行细致调整。单击创建新的填充或调整图层按钮 ，在弹出的菜单中选择“可选颜色”命令，创建得到“可选颜色1”图层，然后在“属性”面板中设置参数，分别如图14.56~图14.62所示，得到如图14.63所示的效果。

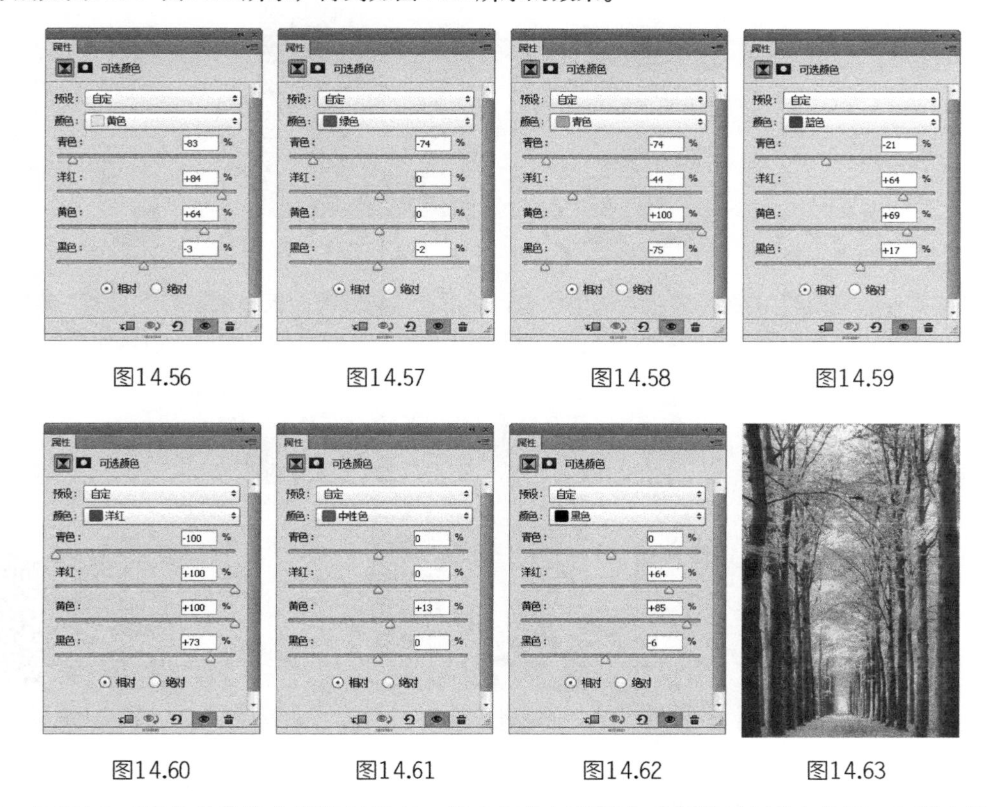

图14.56　图14.57　图14.58　图14.59

图14.60　图14.61　图14.62　图14.63

6. 下面再来对照片整体的色调进行处理。单击创建新的填充或调整图层按钮 ，在弹出的菜单中选择“自然饱和度”命令，创建得到“自然饱和度1”调整图层，然后在“属性”面板中设置参数，如图14.64所示，以提亮照片整体，设置后效果如图14.65所示。

7. 此时，地面上的色调与整体不太匹配，下面就来解决这个问题。使用磁性套索工具 沿着地面的边缘绘制选区，如图14.66所示。

图14.64　图14.65　图14.66

8. 单击创建新的填充或调整图层按钮 ，在弹出的菜单中选择“可选颜色”命令，创建得到“可选颜色2”调整图层，然后在“属性”面板中设置参数，如图14.67所示，得到如图14.68所示的效果。

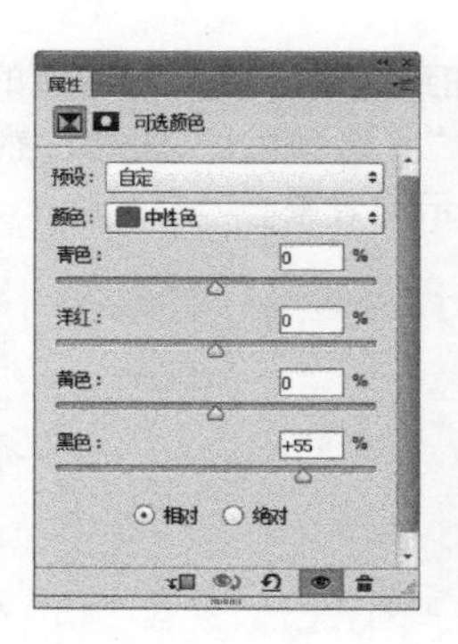

图14.67　　图14.68

9. 保持“可选颜色2”的图层蒙版为选中状态，然后在“属性”面板中设置其“羽化”参数，如图14.69所示，使其边缘变得更为柔和，设置后效果如图14.70所示，此时的“图层”面板如图14.71所示。

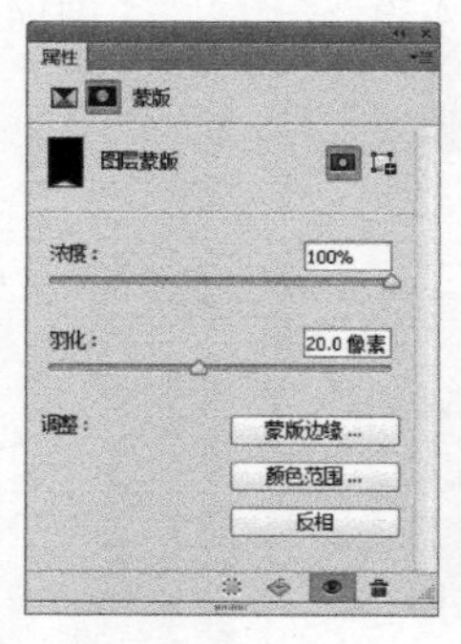

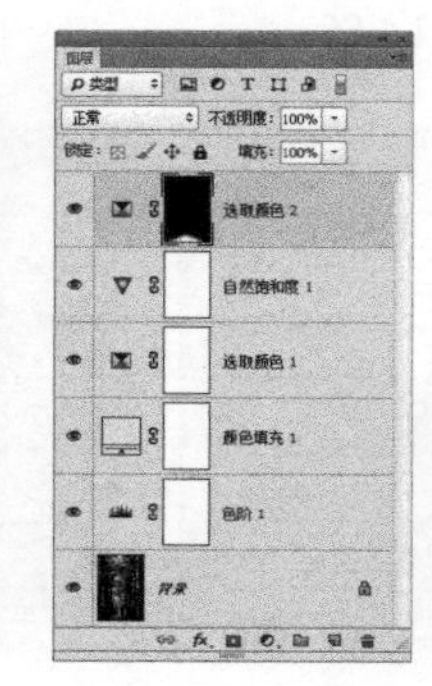

图14.69　　图14.70　　图14.71　　处理前后效果对比图

14.3.5　制作超酷HDR效果照片

真正意义上的HDR效果的实现，需要使用不同明暗的2张或多张照片（通常是使用包围曝光或以不同曝光量进行拍摄），结合专用的功能进行合成得到的照片，才能够真正将照片中的亮部、中间调与暗部充分显示出来，这才是真正的HDR高动态照片。下面就来讲解一下其具体操作方法。

1. 打开本书配套教学资源包中的文件“制作超酷HDR效果照片-素材”文件夹中的3张照片，如图14.72~图14.74所示。

图14.72　　图14.73　　图14.74

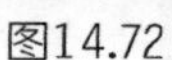

2. 选择“文件－自动化－合并到HDR Pro”命令，在弹出的对话框中单击“添加打开的文件”按钮，从而将打开的3幅照片添加到处理列表中。

3. 单击“确定”按钮，在接下来弹出的对话框中，分别选择各张照片，并为其设置不同的EV（曝光补偿）值，如图14.75~图14.77所示。

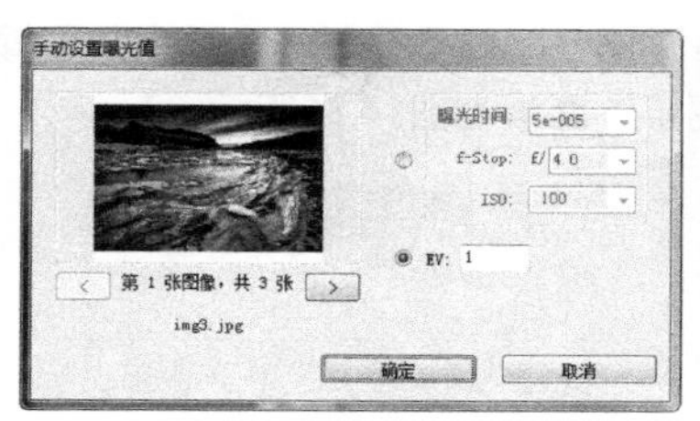

图14.75

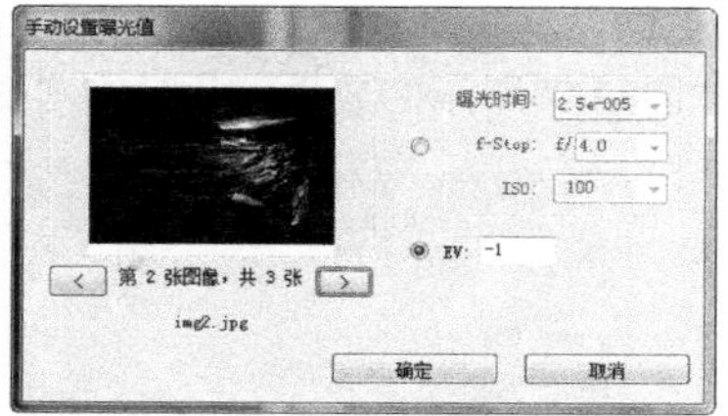

图14.76

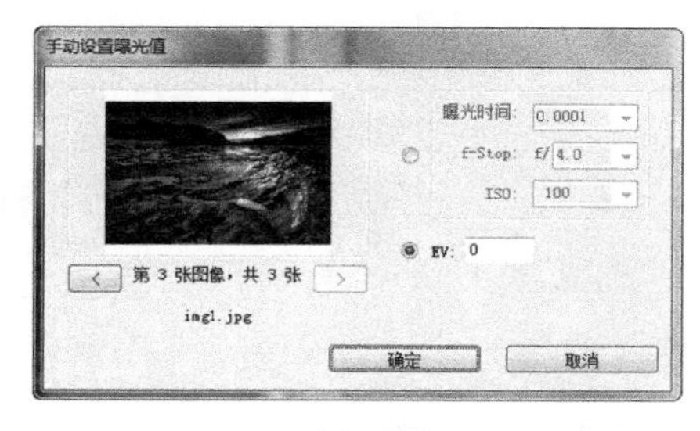

图14.77

4. 设置完成后，单击“确定”按钮，即可自动进行合成，并打开“合并到HDR Pro”对话框，在右侧设置相应的参数，如图14.78所示。

5. 设置完成后，单击“确定”按钮退出对话框，得到如图14.79所示的效果。

图14.78

图14.79

6. 下面来对照片整体的色调进行调整，以增强其整体的冷暖对比。单击创建新的填充或调整图层按钮 ，在弹出的菜单中选择“色彩平衡”命令，得到图层“色彩平衡1”，在“属性”面板中设置其参数，如图14.80和图14.81所示，以调整图像的颜色，得到如14.82所示的效果。

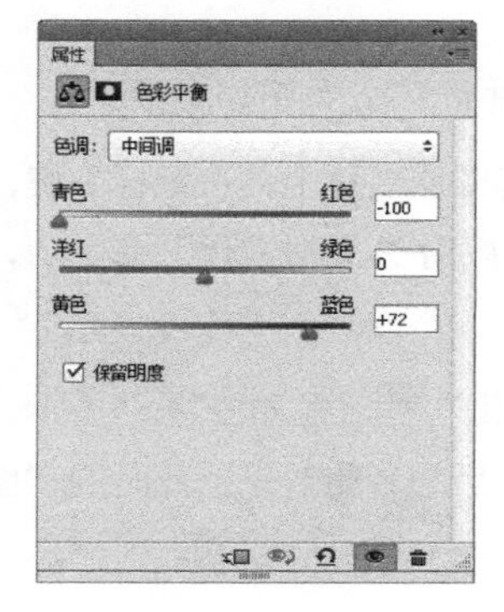

图14.80

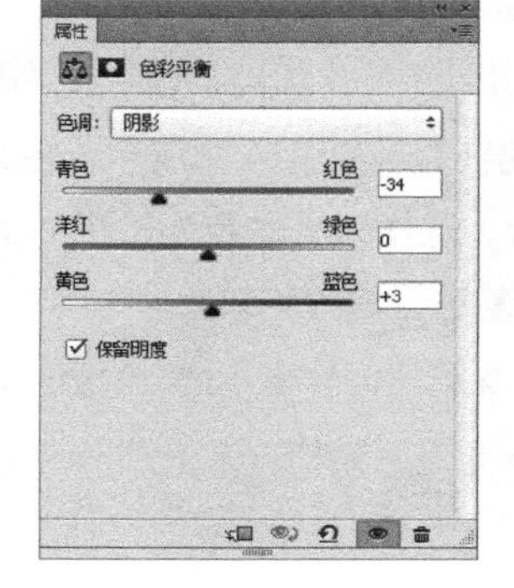

图14.81

图14.82

7.按照上一步的方法，再创建得到“可选颜色1”调整图层，并对其参数进行设置，如图14.83和图14.84所示，得到如图14.85所示的效果，此时的“图层”面板如图14.86所示。

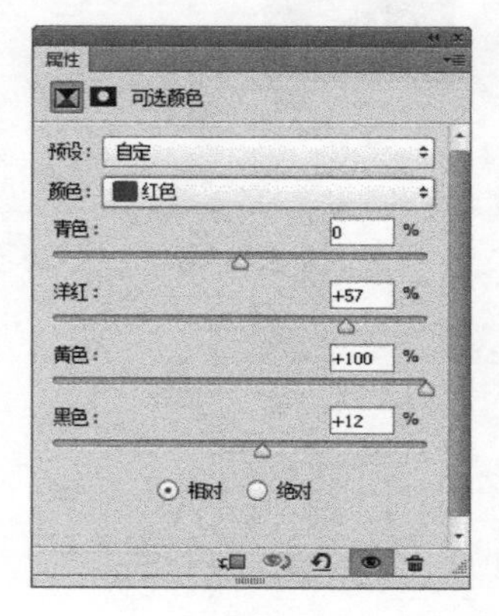

图14.83

图14.84

图14.85

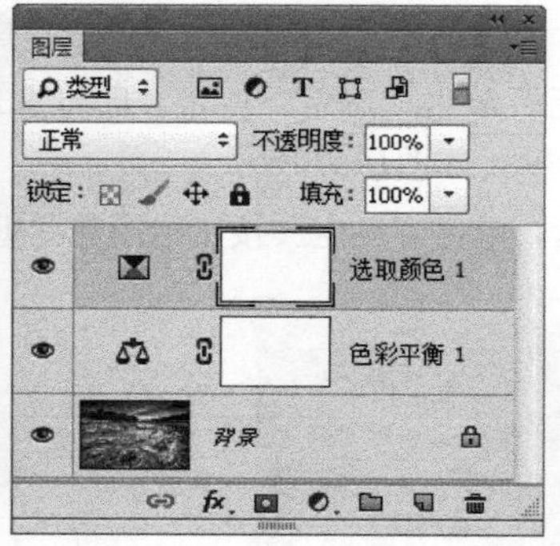

图14.86

处理前后效果对比图

14.4 使画面更清晰的锐化技巧

14.4.1 使用USM命令锐化宠物照片

为了让照片主体的细节更为丰富，可对照片进行一定的锐化处理，本例就以常用的“USM锐化”命令对宠物照片进行锐化处理为例，讲解其使用方法。

1. 打开本书配套教学资源包中的文件“使用USM命令锐化宠物照片-素材.jpg”，如图14.87所示。

2. 按Ctrl+J键复制“背景”图层得到“图层1”，如图14.88所示，在其图层名称上单击鼠标右键，在弹出的菜单中选择“转换为智能对象”命令。这样的目的是为了在下面应用“USM锐化”命令后，可以生成一个对应的智能滤镜，双击它可以反复进行编辑和修改。

3. 选择“滤镜”|“锐化”|“USM锐化”命令，设置弹出的“USM锐化”对话框如图14.89所示，单击“确定”按钮退出对话框，如图14.90所示为应用“USM锐化”命令前后的对比效果，此时的“图层”面板如图14.91所示。

图14.87

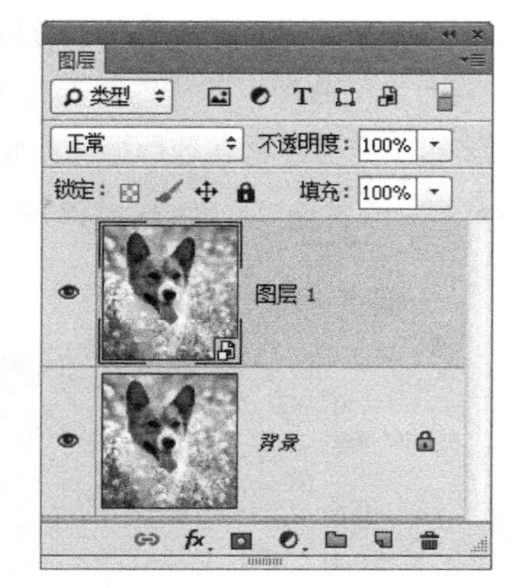

图14.88

图14.89

图14.90

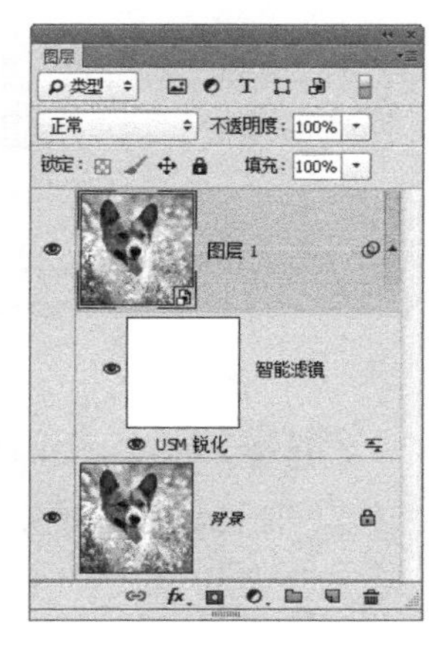

图14.91

14.4.2 使用高反差保留锐化雪景

使用“高反差保留”命令可以通过设置参数并结合混合模式功能，对照片进行锐化处理，恰当的参数设置，还可以让增强图像的立体感，此种锐化方法尤其适合风光照片的处理，本例就以雪景照片为例，讲解其使用方法。

1. 打开本书配套教学资源包中的文件“使用高反差保留锐化雪景-素材.jpg”，如图14.92所示。

图14.92

2. 按Ctrl+J键复制“背景”图层得到“图层1”，在其图层名称上单击鼠标右键，在弹出的菜单中选择“转换为智能对象”命令。这样的目的是为了在下面应用“高反差保留”命令后，可以生成一个对应的智能滤镜，双击它可以反复进行编辑和修改。

3. 选择“滤镜”|“其他”|“高反差保留”命令，设置弹出的对话框如图14.93所示，得到如图14.94所示的效果。

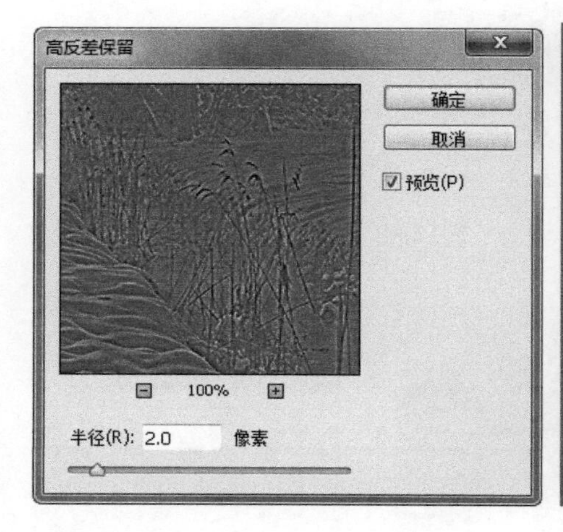

图14.93

图14.94

4. 设置“图层1”的混合模式为“强光”，不透明度为80%，得到如图14.95所示的效果，此时的“图层”面板如图14.96所示。

图14.95

图14.96

5. 此时，照片整体的锐度得到了提升，但左侧的雪地主体仍然显得立体感略为不足，因此复制“图层1”得到“图层1拷贝”，双击其中的“高反差保留”智能滤镜的名称，在弹出的对话框中将参数改为10，如图14.97所示，得到如图14.98所示的效果。

图14.97

图14.98

6. 将“图层1拷贝”的混合模式设置为“柔光”，不透明度为80%，得到如图14.99所示的效果。

7. 此时雪地的立体感已经得到提高，但右侧树木的锐化略显过度，因此需要利用图层蒙版对其进行处理。使用套索工具在左侧雪地上绘制选区，如图14.100所示。

图14.99

图14.100

8. 选中“图层1拷贝”，单击“图层”面板中的添加图层蒙版按钮，得到如图14.101所示的效果，此时的“图层”面板如图102所示。

图14.101

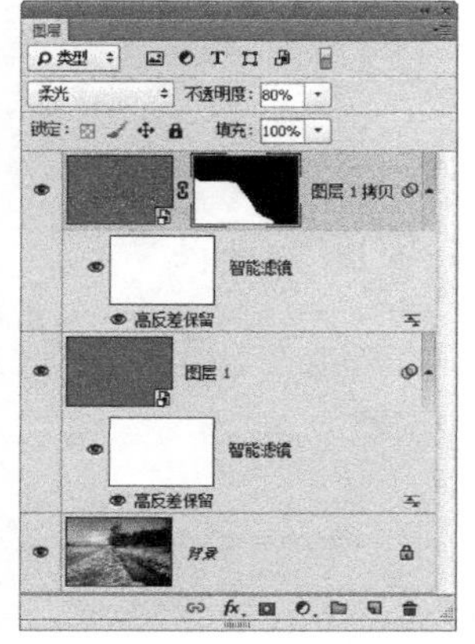

图14.102

处理前后效果对比图

课后任务：通过前面的学习进行记忆练习

1. 下列能够调整图像色彩的命令是（ ）。

A. 色相/饱和度

B. 亮度/对比度

C. 阴影/高光

D. 色调分离

2. 要快速将图像中阴影区域的细节显示出来，且不影响高光区域的图像，可以使用命令（ ）。

A. 色阶

B. 阴影/高光

C. 曲线

D. 亮度/对比度

3. 关于“合并到HDR Pro”命令，下面描述正确的是（ ）。

A. 使用“合并到HDR Pro”命令时，必须使用至少3张照片

B. 使用“合并到HDR Pro”命令时，必须使用至少2张照片

C. 使用“合并到HDR Pro”命令时，所有照片必须处于打开状态

D. 使用“合并到HDR Pro”命令时，所有照片必须处于关闭状态

4. 综合运用已学过的工具与命令，将以下所示的素材，制作成为黑白人像效果。

第15章　玩转手机也能拍大片

【学前导读】

手机摄影与相机摄影有什么不同？优势又是什么？如何更好地运用手机摄影的优势，拍出更加精彩的画面？本章将讲解手机摄影的理念和基础的设置功能，以及如何制作有趣的特效画面等。

【本章结构】

【学习要领】

1. 知识要领

·手机摄影的理念
·手机摄影的基本设置
·运用APP制作特效画面

2. 能力要领

了解手机摄影的特点，掌握手机摄影的各项功能

15.1 手机摄影的理念

摄影是瞬间性的记录，不可复制。手机拍照的简便操作可以将这种瞬间性最大化。在使用手机拍照时，简单到只需要用手指触动一下屏幕上的拍摄键，就可以将看到的有趣场景拍摄下来，且无须考虑光圈大小、快门速度这些相机上复杂的参数。在简单的背后可以更多地去思考影像所表达的含义。简单的东西往往蕴含着很多故事，这便是使用手机要拍摄的东西。就像有句话说的，“直白的影像，就是当你在若干年后翻看这些照片时，无须文字，当时的情景便历历在目了。”

图像是最为直白的表达方式。图像将所有一切浓缩在一张小小的照片中，即使过去很多年，翻看曾经拍摄的照片时，还会为当时的情景所感触。手机摄影便给了我们通过图像的方式去表达、去记录的捷径。

15.2 正确的拍摄姿势确保照片清晰

如果在弱光下，例如清晨、傍晚、室内或者阴雨天，可尝试用不同的方式来持机和释放快门，既要看看哪些方式能够获得较好的稳定性，也要看看哪些方式容易导致手机的晃动或颤抖。其次，在释放快门按键的时候，尤其要避免手的晃动或颤抖。

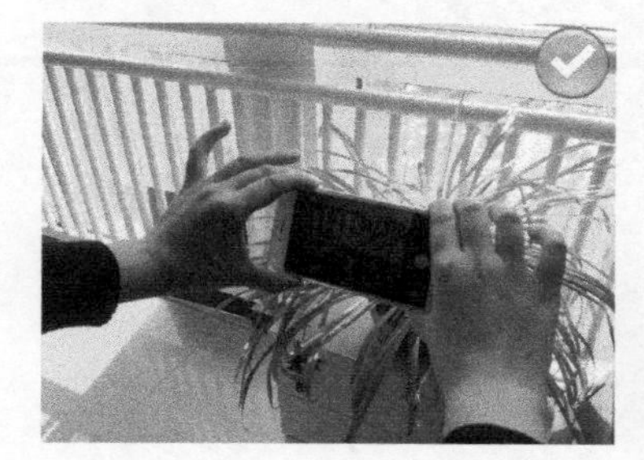

稳定的持机方式：采用横幅构图时，可以双手握住手机，以保持稳定

稳定的持机方式：采取竖幅构图时，可以用一只手持机，以保持稳定

稳定的持机方式：左手握住手机，并且用大拇指按下音量按键以释放快门

不稳定的持机方式：对于较大屏的手机，不建议用右手持机，这会容易导致晃动

不稳定的持机方式：如果采用这种方式持机和释放快门，很容易导致画面模糊

不稳定的持机方式：如果采用这种方式持机，难以获得非常清晰锐利的画面效果

15.3　掌握手机摄影的基础功能

15.3.1　手机的变焦功能

基于成像质量的考虑，有人会建议慎用手机的数码变焦功能，其实手机摄影并不以画质取胜，所以不必太在意成像质量，即便使用数码变焦功能会导致成像质量出现下降，但只要在可以接受的范围内，就应该大胆地予以采用。

以下两种情况就必须使用数码变焦：一是想把远处的景物拉近之后拍摄，使构图更加紧凑和简洁；二是在拍摄微距照片时，建议不要靠得太近，可以适当把手机放远一些，然后再使用数码变焦予以拉近放大。

开启相机，用两个手指在屏幕上滑动，就会出现变焦杆。松开两个手指之后，只用一个手指拖动变焦杆上的圆点，即可实现数码变焦。

未采用数码变焦拍摄的画面

使用数码变焦拍摄的画面可将景物拉近放大

15.3.2　开启网格显示

大多数相机会提供一个三分网络，用以辅助进行准确的三分构图。

以iPhone手机为例，要显示网格，可以开启并解锁iPhone手机，进入“设置”程序，往下滑动屏幕，在菜单中找到并且打开“照片与相机”选项，继续往下滑动屏幕，就可以看到“网格”设置选项了，将其设置为开启即可。

对于其他手机的相机或第三方相机APP，也可以通过相机中的相关菜单进行设置，以显示网格。

开启“网格”功能

开启后的网格状态

15.3.3　感光度设置

一般来说，手机的ISO模式会采用AUTO模式，也就是自动模式。如果对感光度要求较高，也可以在相机ISO设置界面进行感光度的设置。

值得一提的是，iPhone手机的相机没有提供ISO设置功能，其他手机的相机或第三方相机APP可以通过相关菜单进行设置。

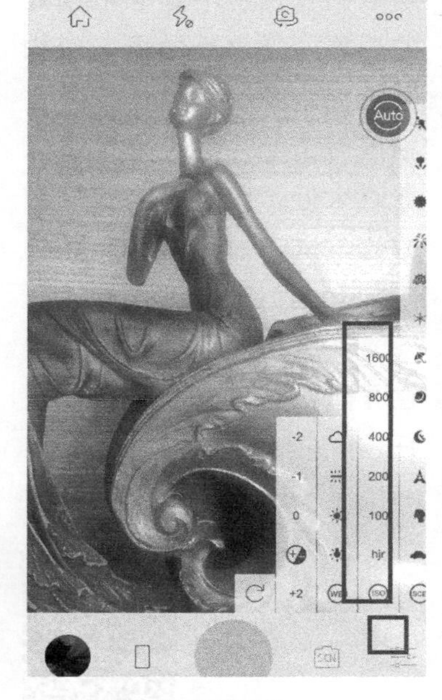

全能相机APP的ISO设置菜单

15.3.4　使用音量键作为物理快门

大多数手机的音量键位于手机左侧上方或右侧上方，单手持机时，大拇指刚好位于音量键上，因此使用音量键作为物理快门进行拍摄会更加方便。例如iPhone手机的音量键是位于手机左侧上方，可以通过以下三种方法用音量键释放快门：

一、采用横幅构图时，用双手持机，并使音量键所在的一侧朝向下方，用左手的大拇指按下“+”或“-”音量键以释放快门。

二、采用竖幅构图时，用单手握住手机(建议用左手)，用左手的大拇指按下“+”或“-”音量键以释放快门。

三、将耳机插在手机上，然后用单手握住手机，再用右手按下耳机线缆上的“+”或“-”音量键以释放快门。

15.3.5　连拍

要实现使用手机进行连拍，可以在任意一种释放快门的基础上长按即可。例如长按相机界面的快门按钮即可实现连拍。再如，在使用音量键进行拍摄时，长按音量键，即可实现连拍。

15.4　灵活运用手机摄影的曝光与对焦

15.4.1　测光和对焦位置的选择

使用手机拍照时，用手触碰屏幕时会出现一个小方框，这个小方框的作用就是对其框住的景物进行自动对焦和自动测光，如果点击屏幕上的不同的地方或景物时（小方框的位置也会随之发生改变），照片的亮度和焦点也会跟着发生变化。

因此，想要调整数码照片的亮度，可采取如下方法：对准浅白色（较亮）的物体进行测光，照片会变得较暗；对准深黑色（较暗）的物体进行测光，照片则会变得较亮；而对准既不深也不浅的物体进行测光时，照片上的明暗关系会比较接近人眼所看到的感觉。

要注意的是，很多手机的相机或第三方相机APP，默认情况下开启了触摸快门，即当手指点击屏幕时，会同步完成对焦、测光及拍摄的过程，因此无法准确地预览和控制曝光。此时可以取消触摸快门，以实现自定义控制测光对与焦位置的目的。

用手指点击一下左侧的黑色笔记本，使黄色方框对准它进行测光和对焦，此时，笔记本的曝光基本合适，但右侧出现严重的曝光过度

用手指点击一下右侧的贝壳，使黄色方框对准它进行测光和对焦，此时，贝壳的曝光基本正常，但笔记本出现曝光不足的问题

15.4.2　锁定测光和对焦

用手指长按屏幕时，手机会锁定测光和对焦（屏幕上会出现AE/AF锁定的文字提示），此时，不论如何改变取景构图，也不会改变曝光和对焦了。

锁定测光和对焦的具体方法：拍摄风景时（尤其是日出日落或者天空云彩极美时），使屏幕的黄色小方框对准太阳周围的天空（不包含太阳本身），长按屏幕，即可锁定曝光对焦，然后改变构图，完成拍摄。当然，也可以尝试对准其他地方进行测光和对焦的锁定，当再次触摸屏幕，或者重新启动相机时，即可解除对于测光和对焦的锁定。

为了更好地掌握测光和对焦的锁定技巧，可多尝试在不同的场合里反复进行对比测试。

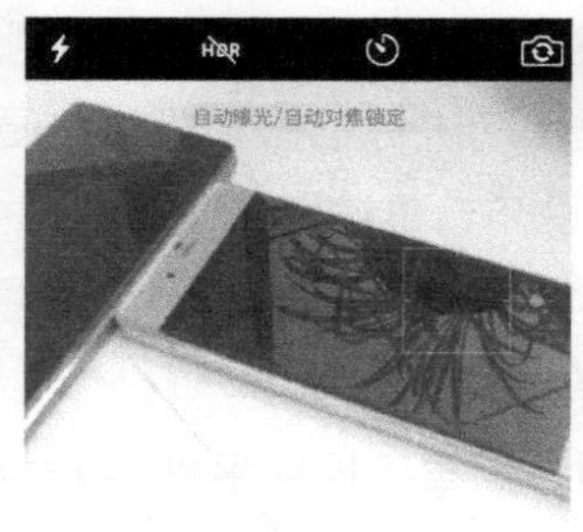

对准桌子上的手机，并长按屏幕以锁定测光和对焦，待屏幕上出现“自动曝光/自动对焦锁定”后松开手指

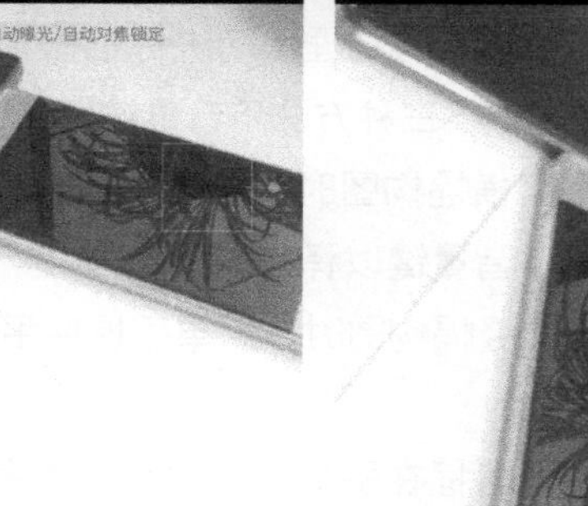

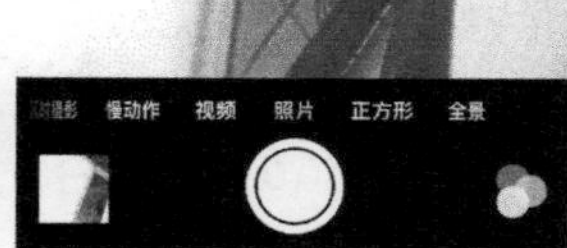

将原先的竖构图改为横构图，释放快门完成拍摄

拍摄以深黑色或者浅白色为主的景物时，如雪景、白云或者夜景，建议采取先锁定测光和对焦的方法，即应对准画面中既不过亮也不过黑的物体进行测光，并且锁定。改变构图，完成拍摄。

若要取消锁定测光与对焦，在屏幕任意处点击一下即可。

直接拍摄，画面明显曝光过度，如以上左图所示，可先对鸭子头部锁定测光后再进行拍摄，如以上右图所示

对树冠测光后再进行拍摄，可避免直接拍摄导致画面曝光不足的现象

对左侧办公大楼锁定测光后再进行拍摄，可避免直接拍摄导致画面曝光过度的现象

先对反光较强的水面[illegible]定测光，然后再改变构图进行拍摄

15.5 有趣的手机特效

15.5.1 惊艳的滤镜效果

从以拍摄为主的相机360、快手、美颜相机、全能相机及黄油相机等，到以效果处理为主的MIX、水印相机、画中画相机、Pixlr等，包括在iPhone手机内部，滤镜都是其中必不可少的一项功能，而且滤镜效果的优劣、数量的多少，已经在很大程度上影响了人们的选择。

虽然各相机APP对于滤镜的分类和定义都不尽相同，经常被冠以滤镜、美化或特效等不同的名称，但总的来说，我们可以将其理解为对照片进行处理的“预设”，通常情况下，用户只需要点击某一个滤镜，就可以实现相应的效果，用户也可以根据需要，在一定程度上进行编辑处理。

以iPhone手机为例，在拍摄时可以点击右下方按钮，即可选择预设的9种滤镜（iPhone手机内部称之为“过滤器”），在查看照片时，也可以单击底部的按钮，从而为已有的照片应用相机的9种滤镜。

相对来说，第三方的相机APP提供的滤镜要更丰富，而且各种的特色滤镜也各有不同，如果追求最佳的滤镜效果，且能够不厌其烦地尝试，可以多安装几个主流的相机APP。

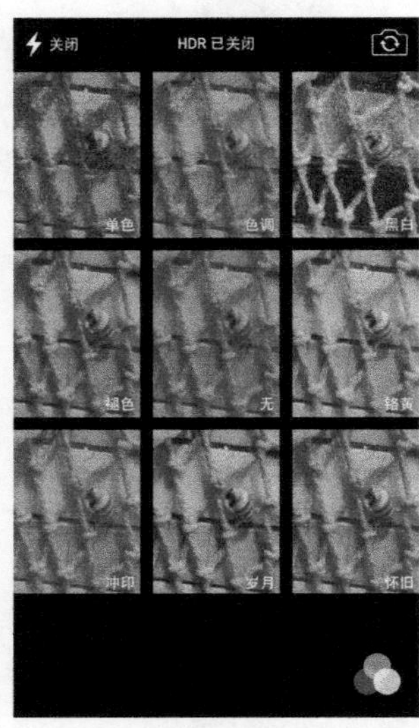

iPhone手机在拍摄界面中设置滤镜

iPhone手机对已有照片应用滤镜

左图为原照，右图为应用了相机360 APP中的滤镜后的效果

左图为原照，右图为应用了黄油相机APP中的滤镜，并添加文字后的效果

15.5.2　有趣的画中画

有时候，虽然画面上有明确的被摄主体（或视觉兴趣中心），但由于环境杂乱使被摄主体不够突出，这时如果采用移轴虚化对画面做大面积的模糊虚化处理，虽然可以更好地突出被摄主体，但是也很容易导致画面看起来单调乏味。

此时可以尝试一下玩图或画中画相机等APP，它们提供了很多有趣的相框，例如茶壶、水杯，等等，通过选用合适的相框，既可以突出被摄主体，又使画面的表现形式变得创意有趣。除了直接拍摄外，它们还支持从现有的照片中制作画中画效果。

使用画中画相机APP制作的瓶中景效果

使用画中画相机APP制作的手持照片效果

15.5.3　全景大片

全景照片不仅趣味横生，可以表现大气的视觉效果。相对于相机，手机拍摄全景更加便捷，成像速度更快。

在此，以iPhone手机为例讲解全景照片的拍摄技巧，其具体方法为：打开iPhone相机应用程序，默认情况下，向右滑动2次可以切换至“全景”模式。**注意，全景模式默认情况下从左边开始拍摄，可以通过点击箭头改变方向**。拍摄时最好保持双脚不移动，手要稳一点，确保箭头匀速从左边移到右边，完成了全景摄取，只需再次点击底部中央的“捕获”按钮即可。另外，在拍摄时，若停留时间过长，相机也会自动完成当前的全景拍摄。

需要注意的是，拍摄全景照片结束点的选择很重要，不及时停止会拍进不协调的画面，例如，拍摄大街时，拍进不必要的路人或者突兀的建筑物会破坏画面的美感，若要在合适的位置结束拍摄需提前了解拍摄环境。

进入“全景”模式

现在手机都有非常不错的全景成像效果

15.5.4 完美漫画效果

漫画效果是受很多用户喜爱的一种表现形式，当它与相机结合在一起时，也能够形成很多富于创意或幽默搞笑等形式的好照片，其中比较有代表性的APP有魔漫相机、彩漫相机等。

以魔漫相机为例，它主要是以人物的头部为基础进行漫画化处理，然后结合海量的动漫场景，从而制作出漂亮的漫画效果。

在实际使用时，可以直接拍摄或选择现有的照片。无论是拍摄还是选用现有照片，最好是人物的正面照，而且曝光应该尽量均匀，这样才能得到最好的效果。之后，软件会让用户确认照片中人物眼睛及嘴部的位置（特别注意不要让头发挡住脸部，否则可能会出现比较怪异的结果），并选择性别，然后点击“确定”按钮，即可选择各种背景，还可以自定义美妆和创作类型等。

拍摄正面照

选择已有照片并设置五官位置及性别

选择不同场景时的效果

裁剪照片为方形

默认情况下的融合效果

选择不同混合背景时的效果

15.5.5 多次曝光的影像合成特效

有时候两张原本一般的照片，将其使用多次曝光功能合成为一张照片之后，反而会有非常出色的效果，令原本平淡的画面妙趣横生，在相机360、BlendPic、MuItiExpo和Pixlr等很多APP里都有这种多次曝光的功能。

要想获得令人满意的多次曝光照片，首先必须具有大量合适的素材照片，所以，不管什么题材，平时都需要多拍。

MuItiExpo软件需要摄影师一张一张地打开照片并进行尝试，所以操作起来比较麻烦，因此效率也很低，好处就是强迫摄影师在正式合成之前需要多思考和预想。

BlendPic软件可以合成方形的多重曝光效果，在主界面点击“合成”按钮后，可选择一张主体照片，然后会要求用户对照片进行裁剪，确认后即可与默认的夜景照片进行融合。用户可以点击下方的“选图”按钮以手动设置一张背景图，也可以再点击“混合”按钮，其中提供了大量的用于融合的背景，用户还可以拖动蓝色的滑块，以改变混合的强度。

15.5.6　HDR

所谓HDR，是英文High-Dynamic Range的缩写，意为“高动态范围”。HDR照片的典型特点是无论高光还是阴影部分，都能够获得充分的细节。很多手机中的相机APP都会内置HDR效果，例如MIX就提供了大量的滤镜效果，其中就包括了多种可选的HDR滤镜，用户可以在打开一张照片后，在“效果”分类中点击HDR，此时可以从6种不同强度和效果的预设中进行选择，而且点击选择某个预设后，还可以再次点击该预设，此时可以对其强度进行调整。

使用MIX中的HDR滤镜处理得到的效果

使用MIX中的HDR滤镜处理得到的效果

拍摄明暗差距较大的景象时，使用HDR模式可得到层次较细腻的画面

课后任务：拍摄多重曝光的有趣画面

目标任务：

利用多重曝光的功能制作出有创意的画面。

前期准备步骤：

1．选择适合的手机拍摄软件

相机360、BlendPic和MuItiExpo软件里都有这种多次曝光的功能。

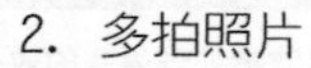

2．多拍照片

由于多重曝光需要至少两张照片，所以可以多拍摄些素材，最好是有前期设想的画面，这样后期会合成比较有趣、有创意的画面。

3．多尝试

多尝试照片的合成，会有很多意想不到的效果。

4．来点创意

有创意的画面非常具有吸引力，因此需要在前期拍摄时就设想好内容。